Kapadiya Iteshkumar
Mahesh Patel
Laljibhai Akbari

Desenvolvimento da doença e gestão do míldio do alho por Stemphylium vesicarium

AF320189

Kapadiya Iteshkumar
Mahesh Patel
Laljibhai Akbari

Desenvolvimento da doença e gestão do míldio do alho por Stemphylium vesicarium

ScienciaScripts

Imprint
Any brand names and product names mentioned in this book are subject to trademark, brand or patent protection and are trademarks or registered trademarks of their respective holders. The use of brand names, product names, common names, trade names, product descriptions etc. even without a particular marking in this work is in no way to be construed to mean that such names may be regarded as unrestricted in respect of trademark and brand protection legislation and could thus be used by anyone.

Cover image: www.ingimage.com

This book is a translation from the original published under ISBN 978-3-659-70540-3.

Publisher:
Sciencia Scripts
is a trademark of
Dodo Books Indian Ocean Ltd. and OmniScriptum S.R.L publishing group

120 High Road, East Finchley, London, N2 9ED, United Kingdom
Str. Armeneasca 28/1, office 1, Chisinau MD-2012, Republic of Moldova, Europe
Printed at: see last page
ISBN: 978-620-7-89288-4

Copyright © Kapadiya Iteshkumar, Mahesh Patel, Laljibhai Akbari
Copyright © 2024 Dodo Books Indian Ocean Ltd. and OmniScriptum S.R.L publishing group

ÍNDICE

RECONHECIMENTO

O meu percurso de doutoramento está a chegar ao fim. Hoje, ao fazer uma retrospetiva, imagino-me ingénuo em relação à investigação e agora pergunto-me como é que, apesar disso, estou no seu curso final. Certamente, há uma pessoa que me passa despercebida e inconfundível diante dos olhos: é a minha principal orientadora, **a Dra. (Sra.) C. Lukose**, Investigadora (Patologia Vegetal), Estação Principal de Investigação de Sementes Oleaginosas, Universidade Agrícola de Junagadh, Junagadh. Não tenho palavras para lhe exprimir os meus sinceros agradecimentos pela sua orientação esclarecedora, encorajamento infalível, sugestões valiosas, críticas construtivas, supervisão judiciosa, atitudes simpáticas, comportamento amável e grande interesse ao longo desta investigação e da preparação do manuscrito.

Esta ocasião memorável proporciona-me o privilégio único de apresentar os meus sinceros agradecimentos ao comité consultivo, **Dr. M. F. Acharya** (Guia Menor), Professor Assistente, Departamento de Entomologia, **Dr. L. F. Akbari** (Membro), Professor Associado, Departamento de Patologia Vegetal, **Dr. V. P. Anadani** (Membro), Investigador, Estação de Investigação de Leguminosas e **Dr. S. L. Varmora** (Membro), Professor Associado, Departamento de Estatística Agril. Statistics, JAU, Junagadh, pelas suas sugestões úteis, atenção constante e ajuda durante todo o período de investigação.

Registo também os meus sinceros agradecimentos ao **Dr. A. R. Pathak**, Hon. Vice-Chanceler, JAU, Junagadh. **Dr. C. J. Dangaria**, Diretor de Investigação e Decano de Estudos PG, JAU, Junagadh. **Dr. A. V. Barad**, Diretor e Decano da Faculdade de Agricultura, JAU, Junagadh e **Dr. K. B. Jadeja**, Professor e Chefe do Departamento de Patologia Vegetal, Faculdade de Agricultura, JAU, Junagadh, por terem fornecido as instalações necessárias para este estudo.

Estou especialmente grato ao **Dr. L. F. Akbari,** ao Dr. N. G. Mayani, ao Shri. S. V. Undhad e Shri. U. M. Vyas, Shri. R. C. Patel, Shri. H. P. Patel, Rakesh Bhai e todos os membros do pessoal do Departamento de Patologia Vegetal pela sua cooperação em várias fases da investigação.

Agradeço sinceramente aos membros do pessoal da Biblioteca Central, da secção "C" do gabinete do diretor e da secção de exames do gabinete do secretário pela sua cooperação durante o meu estudo.

Estou muito grato aos meus amigos Ranpariya Maheshbhai, Talaviya Jaydip, Mukesh Siddhapara, Sapovadiya Manish, Sunil Chhodvadiya, Dhorajiya Piyush, Sangani Mehul, Siddhapara Keyur, Malaviya Prashant, Mangroliya Gunjan, Rupavatiya Atul, Chavda Haresh, Kapadiya Rasik, Abhinandan Patil, Urwish Patel, Jamshu Chaudhry, Nirav Delvadiya pela sua ajuda atempada e amável cooperação durante o meu estudo e trabalho de campo.

Estou muito grato aos meus amigos mais jovens Ukani Jatin, Piyush, Ankit Khunt, Bhadani Dhaval,

Sabhaya Ankit, Vaishnav Nilesh, Rupareliya Vimal, Italiya Chirag, Vekariya Aniruddh, Movaliya Hardik, Markana Jignesh, Sardhara Akash, Savaliya Piyush, Vishal, Sardhara, Gojiya pela sua ajuda atempada e gentil cooperação durante o meu estudo e trabalho de campo.

A dicção não é suficiente para exprimir a minha gratidão ao meu avô Shamjibhai, à minha avó Paniben, ao meu pai **Shri Bhupatbhai**, à minha mãe **Smt. Rasilaben**, aos meus irmãos Chandubhai e Ghanshyambhai e às minhas irmãs Krishna e Mamta, Ravi Jiju e Darshana, cujo amor desinteressado, afeto filial, encorajamento constante, sacrifícios obstinados, orações sinceras, expectativas e bênçãos foram sempre uma fonte vital de inspiração na minha vida.

Por último, mas não menos importante, um milhão de agradecimentos a Deus, à minha mãe e ao meu pai todo-poderoso, que me fizeram realizar esta tarefa e fizeram com que cada trabalho fosse um sucesso para mim.

Local : Junagadh

Data : 08 /01/2015

(I B Kapadiya)

RESUMO

Palavras chave: Alho, míldio foliar, *Stemphylium vesicarium,* desenvolvimento da doença, gestão

O alho *(Allium sativum* L.), pertencente à família *Alliaceae,* é a segunda cultura de bolbos mais importante cultivada nas planícies da Índia para especiarias e condimentos. Embora o alho seja gravemente afetado por muitas doenças, o míldio foliar causado por *Stemphylium vesicarium* (Wallr.) E. Simmons é uma doença destrutiva importante. Aparece todos os anos, de forma moderada a grave, nas zonas de cultivo de alho da região de Saurashtra, em Gujarat.

O organismo causador isolado das folhas infectadas das plantas doentes de alho cresceu sob a forma de micélio verde-escuro a enegrecido, que mais tarde se tornou castanho-oliváceo a preto e finalmente aveludado em PDA. Os conídios eram castanho-claros ou castanho-dourados a castanho-azeitona, oblongos ou amplamente ovais, produzidos em conidióforos cilíndricos e septados, rectos ou com curvas variadas. Com base nos caracteres morfológicos, ou seja, micélio, conidióforos, conídios e padrões de crescimento, o fungo causador isolado das folhas da planta de alho infetada foi identificado como *Stemphylium vesicarium* (Wallr.) E. Simmons.

As plantas de alho eram susceptíveis ao míldio foliar a partir dos 30 a 35 dias de crescimento, mas este era mais proeminente a partir dos 50 dias. Inicialmente, as plantas infectadas apresentavam sintomas característicos de manchas brancas que aumentavam e produziam lesões púrpuras afundadas, rodeadas por uma margem amarela a castanha clara. Mais tarde, pequenas lesões de cor amarela clara a castanha, encharcadas de água e não delineadas, desenvolveram-se nas folhas mais velhas. Por fim, estas lesões transformaram-se em manchas alongadas que frequentemente coalesciam, resultando no apodrecimento das folhas.

A patogenicidade de *S. vesicarium* foi confirmada através da reprodução dos mesmos sintomas de campo, como a descoloração e a murcha das folhas. Os re-isolamentos confirmaram a patogenicidade de *S. vesicarium,* uma vez que os tecidos infectados produziram o mesmo tipo de crescimento micelial, conidióforos e conídios do fungo original.

O estudo sobre as diferentes datas de sementeira no desenvolvimento da intensidade do míldio foliar de Stemphylium revelou que a severidade foi maior na cultura semeada durante a 3rd semana de outubro. No entanto, a cultura semeada durante as semanas 1st e 3rd de novembro teve a menor intensidade da doença em comparação com a cultura semeada na semana 3rd de outubro. Embora a menor gravidade da doença entre todas as diferentes datas de sementeira tenha sido registada na sementeira tardia, ou seja, na 1st semana de dezembro, pode reduzir a germinação dos dentes de alho.

O estudo epidemiológico revelou que o progresso do míldio foliar do alho por Stemphylium foi afetado pela variação das variáveis meteorológicas, bem como pelas suas interacções. Houve um aumento progressivo e a intensidade máxima da doença foi registada entre as semanas 17th e 18th após a sementeira.

Durante 2012-13, a elevada velocidade do vento estimulou o desenvolvimento da praga de Stemphylium, uma vez que o coeficiente da velocidade do vento foi positivo e altamente significativo ao nível de 1% de significância. Do mesmo modo, o coeficiente da humidade matinal foi positivo e significativo a um nível de significância de 5%. Isto indicava que o aumento da humidade matinal em 1% aumentava o desenvolvimento do míldio. Do mesmo modo, durante o ano de 2013-14, a velocidade do vento teve um efeito significativo e positivo no desenvolvimento do míldio. A temperatura máxima também teve um efeito positivo e significativo no desenvolvimento do míldio.

Outras variáveis, como a temperatura mínima e a humidade nocturna, não tiveram um impacto significativo no desenvolvimento do míldio do alho.

Dos catorze germoplasmas/variedades de alho seleccionados em condições naturais, nenhuma das entradas era imune ou resistente ao míldio da folha de Stemphylium. No entanto, a **DG-08-17** foi moderadamente resistente e **a DG-08-21** foi moderadamente suscetível ao míldio foliar. As restantes doze entradas eram susceptíveis, com uma intensidade média da doença de 32-46%.

Experiências realizadas em vasos para conhecer o desenvolvimento da doença do míldio foliar em diferentes idades, a saber, 30, 40, 50, 60 e 70 dias, indicaram que as plantas de todas as idades eram quase susceptíveis à doença do míldio foliar. No entanto, as plantas entre as idades de 50 e 70 DAS eram mais susceptíveis ao míldio do Stemphylium do que as plântulas com 30 e 40 dias. À medida que o período de incubação aumentou de 10 para 20 dias, independentemente da idade da planta, o desenvolvimento do míldio foliar também aumentou de forma correspondente.

Embora todos os oito fungicidas testados tenham sido capazes de inibir o crescimento de *S . vesicarium* na concentração recomendada *in vitro,* o propiconazol, o tebuconazol e o difenoconazol foram superiores, enquanto o oxicloreto de cobre foi o fungicida menos eficaz na inibição do crescimento.

Entre os diferentes fungicidas testados como pulverização foliar em condições de campo, a menor intensidade de praga (22,0%) com o maior controlo da doença (57,05%) foi obtida na aplicação foliar de propiconazol (0,05 %) seguido de mancozeb (0,2 %). O rendimento máximo de bolbos de 4540 kg/ha também foi registado na pulverização foliar de propiconazol.

O inquérito efectuado em vinte campos de alho de dez aldeias do distrito de Junagadh revelou que a intensidade do míldio de Stemphylium variava entre 12,5 e 50,4%. A intensidade máxima da doença foi registada na aldeia de Sarsai, seguida da aldeia de Moniya. A intensidade média mínima da doença, de 12,5 e 16,4%, foi registada nas aldeias de Bhesan e Bilkha, respetivamente. No entanto, nenhum dos campos de alho analisados estava isento do míldio foliar.

CAPÍTULO - 1
INTRODUÇÃO

O alho é a segunda cultura de bolbos mais importante cultivada nas planícies da Índia, entre as especiarias e condimentos. É vulgarmente designado por *"Lasan"* e botanicamente conhecido por *Allium sativum* (Linnaeus). Inclui mais de 600 espécies (Davies 1992). Acredita-se que seja nativa das regiões mediterrânicas da Ásia Central (Thompson & Kelly 1957). É utilizado principalmente para fins culinários e como condimento para diferentes alimentos. O alho é amplamente utilizado em todo o mundo pelo seu sabor pungente como ingrediente de tempero ou condimento. É principalmente utilizado para aromatizar e condimentar pratos de legumes. Esta cultura é uma das principais fontes de divisas da Índia, devido à boa qualidade e quantidade de alho exportado todos os anos do país.

O bolbo de alho é a parte mais utilizada da planta. Com exceção dos tipos de dente único, os bolbos de alho estão normalmente divididos em numerosas secções carnudas denominadas dentes. Os dentes de alho são utilizados para consumo (crus ou cozinhados) ou para fins medicinais. Têm um sabor pungente e picante caraterístico que se atenua e adoça consideravelmente com a cozedura. Outras partes da planta do alho são igualmente comestíveis. É uma planta perene que produz folhas estreitas e planas. As folhas e as flores (bolbos) da cabeça são por vezes consumidas. O seu sabor é mais suave do que o dos bolbos e são mais frequentemente consumidos enquanto imaturos e ainda tenros. Os alhos imaturos são por vezes arrancados, como as cebolinhas, e vendidos como "alho verde". Os escapos imaturos são tenros e comestíveis. Também são conhecidos como "lanças de alho", "caules" ou "topos". Os escapos têm geralmente um sabor mais suave do que os dentes de alho. São frequentemente utilizados em frituras ou refogados como os espargos. As folhas de alho são um vegetal popular em muitas partes da Ásia. As folhas são limpas, cortadas e depois salteadas com ovos, carne ou legumes.

O alho cru também pode ser utilizado no fabrico de pó, pasta, óleo e alho desidratado, etc. Para além disso, é também conhecido por ter inúmeras propriedades medicinais valiosas. O alho pode ser aplicado em diferentes tipos de pão para criar uma variedade de pratos clássicos, tais como pão de alho, tostas de alho, brochette, crostini e canape. Tal como as especiarias, contém alicina, que dá o odor do verdadeiro alho. Um grande número de compostos de enxofre contribui para o cheiro e o sabor do alho. Verificou-se que a alicina é o composto mais responsável pela sensação de "picante" do alho cru. A alicina, juntamente com os seus produtos de decomposição dissulfureto de dialilo e trissulfureto de dialilo, são os principais responsáveis pelo odor caraterístico do alho. De acordo com a medicina tradicional indiana - Ayurveda, é utilizado no tratamento de doenças como a constipação, a formação de saliva, a bronquite crónica, o catarro respiratório, a tosse convulsa, a asma, a gripe, a diarreia, etc. O alho foi utilizado como antissético para prevenir a gangrena durante a Primeira e a

Segunda Guerra Mundial. Mais recentemente, verificou-se num ensaio clínico que um elixir bucal contendo 2,5% de alho fresco apresenta uma boa atividade antimicrobiana, embora a maioria dos participantes tenha referido um sabor desagradável e halitose (Groppo *et al.* 2007). Os dentes de alho são utilizados como remédio para infecções (especialmente problemas no peito), distúrbios digestivos e infecções fúngicas como a candidíase. O alho pode ser utilizado como desinfetante devido às suas propriedades bacteriostáticas e bactericidas (Lemar *et al.* 2005). É uma fonte rica em proteínas, fósforo, cálcio, magnésio, potássio e ácido ascórbico. Um dente de alho fresco descascado contém 62,8% de humidade, 6,3% de proteínas, 0,1% de gordura, 0,8% de fibras, 29,0% de hidratos de carbono, 0,03% de cálcio, 0,31% de fósforo, etc. (Srivastava & Singh 1977).

No mundo, a China ocupa o primeiro lugar na produção de alho (136 lakh toneladas), seguida da Índia (8,33 lakh toneladas) e da Coreia do Sul (2,71 lakh toneladas; Anon. 2010). Na Índia, é cultivado em 2,01 lakh hectares, com uma produção de 10,57 lakh toneladas e uma produtividade de 5,27 toneladas/ha. Os principais estados produtores de alho são Madhya Pradesh, Gujarat, Rajasthan, Maharashtra, Orissa e Uttar Pradesh, dos quais Gujarat contribui com 23,64% da produção total (Anon. 2011a). Recentemente, alguns agricultores do Punjab e do Haryana também começaram a cultivar alho e os rendimentos registados nestes Estados foram muito superiores aos das zonas de cultivo tradicionais. Em Gujarat, é cultivado principalmente nos distritos de Junagadh, Rajkot, Jamnagar e Bhavnagar, com uma produção total de 2,27 lakh toneladas e uma produtividade de 6241 kg/ha numa área de 0,36 lakh hectares (Anon. 2012).

O alho é afetado por muitas doenças causadas por fungos, bactérias, nemátodos e vírus.

1. Mancha púrpura - *Alternaríaporri* L. (Ellis) Cif.

2. Bolor negro - *Aspergillus niger* Tiegh

3. Stemphylium blight - *Stemphylium vesicarium* (Wallr.) E. Simmons

4. Cercospora leaf blight - *Cercospora duddiae* L. Welles

5. Oídio - *Leveillula taurica* L. (Lev.) G. Arnaud

6. Míldio - *Peronospora destructor* (Berk.) Casp.

7. Ferrugem do alho - *Pucciniaporri* L.

8. Podridão seca do bolbo - *Fusarium oxysporum* f. sp. *cepae* (H. N. Hans)

9. Podridão mole dos bolbos - *Erwinia carotovora* subsp. *carotovora* (Jones) Bergey

10. Nemátodo dos bolbos - *Ditylenchus dipsaci* (Kuhn) Filipjev

11. Crestamento bacteriano - *Sclerotium rolfsii* Sacc.

12. Mosaico do alho - *Carlavirus*

As doenças foliares que se manifestam de forma grave são o míldio do Stemphylium e o míldio da Alternaria. O míldio do Stemphylium aparece todos os anos de forma moderada a grave nas zonas de cultivo de alho da região de Saurashtra, em Gujarat. Esta doença foi registada pela primeira vez no alho na Índia por Rao & Pavgi em 1975. Gupta *et al.* (1994) registaram a prevalência e a distribuição de várias doenças e insectos-praga do alho e observaram uma perda de rendimento de 10-15%. Mencionaram especificamente o míldio de Stemphylium como uma doença de importância nacional, uma vez que a sua incidência variou de 1,3-100% com uma intensidade de 0,04-25,8%. Foram descritos sintomas semelhantes de mancha púrpura em alho da África do Sul, Espanha, Austrália e Turquia (Aveling & Naude 1992; Basallote *et al.* 1993; Suheri & Price 2000; Polat *et al.* 2012). Um surto grave de míldio foliar do alho foi relatado em Bihar durante 1995 nas variedades Vanarshi e P-49 (seleção Patna), variando a gravidade da doença de 25,6 a 76% e 20,16 a 75%, respetivamente (Anon. 2013a).

1.1 UTILIDADES PRÁTICAS

Gujarat é um dos principais Estados produtores de alho na Índia, ocupando o quarto lugar em termos de área cultivada e produção. Os distritos de Junagadh, Rajkot e Jamnagar são os principais distritos produtores de alho do Estado. Em Gujarat, Saurashtra é a região onde o alho tem sido cultivado em grande escala, cobrindo aproximadamente 16 000 ha, ocupando 0,67% da terra durante o ano de 1999-2000 (Golani 1999). O distrito de Jamnagar tem a maior área de cultivo de alho, cobrindo cerca de 10 690 ha no ano de 2003. A produção de alho é ainda hoje insuficiente para o nosso consumo interno. As principais razões para a fraca produção em Saurashtra são as doenças, as pragas e a dureza da água. Um inquérito efectuado durante a *rabi* nos campos dos agricultores (1999-2000) revelou que os sintomas de secagem das pontas das folhas, amarelecimento e murchidão, que variaram entre 1,0 e 80%, com uma incidência média de 10% no distrito de Jamnagar, aos 60 a 70 dias após a sementeira. Mas aos 90-100 DAS, a incidência média destes sintomas atingiu até 26,0% (Anon. 2000). Devido aos constrangimentos prevalecentes na produção de alho, muitos agricultores começaram a cultivar trigo em vez de alho.

O míldio das folhas de Stemphylium aparece de forma moderada durante a *rabi* no distrito de Junagadh, em Gujarat. Os sintomas desta doença caracterizam-se por lesões pequenas, de cor amarela clara a castanha e encharcadas de água, que se desenvolvem em todas as idades das folhas, especialmente nas folhas mais velhas. Estas pequenas lesões transformam-se em manchas alargadas que frequentemente coalescem, resultando no apodrecimento das folhas. Em estádios avançados, as lesões podem cingir e matar as folhas. Por conseguinte, esta doença afecta negativamente a produção de alho em Gujarat, especialmente em Saurashtra. Embora o míldio do Stemphylium seja uma doença foliar importante, até à data não foi efectuado qualquer estudo pormenorizado sobre esta doença. Uma vez que se trata de um importante fator limitante da produção de alho, são essenciais estudos exaustivos sobre o desenvolvimento da doença, a sua gravidade e a sua gestão.

Assim, a presente investigação visa cumprir os requisitos acima mencionados com os seguintes objectivos

1.2 OBJECTIVOS

1. Estudar a sintomatologia do míldio do alho (Stemphylium blight)

2. Comprovar a patogenicidade do míldio do alho (Stemphylium blight)

3. Estudar os caracteres morfológicos do agente patogénico

4. Determinar o efeito da data de sementeira na severidade do míldio foliar

5. Determinar o efeito dos parâmetros epidemiológicos no desenvolvimento do míldio foliar

6. Avaliar diferentes genótipos de alho contra o míldio da folha de Stemphylium

7. Determinar a idade/estágio da planta suscetível no desenvolvimento da doença

8. Avaliar a eficácia de diferentes fungicidas contra *Stemphylium vesicarium* em condições *in vitro*

9. Avaliar a eficácia de diferentes fungicidas contra o míldio de Stemphylium em condições de campo

10. Para avaliar a intensidade/severidade do míldio de Stemphylium nos campos dos agricultores

CAPÍTULO - 2
REVISÃO DA LITERATURA

O género *Stemphylium* pode ser definido como os Hyphomycetes com conídios muriformemente septados, geralmente pigmentados, produzidos através de um poro no ápice dos conidióforos, que tem um método de proliferação por corrente (Simmons 1969).

Stemphylium vesicarium, o organismo causador do míldio do alho por Stemphylium *vesicarium,* tem vários sinónimos, como se indica a seguir (Simmons 1969):

> *Stemphylium vesicarium* (Wallr.) E. Simmons

> Estado perfeito: *Pleospora allii* (Rabenh.) Ces. & De Not.
- *Helminthosporium vesicarium* Wallr.

- *Macrosporium parasiticum* Thimen.

- *Macrosporium vesicarium* (Wallr.) Saccardo

- *Macrosporium alliorum* Berkeley ex. Saccardo

- *Macrosporium sarcinula* Berkeley Var.

- *Macrosporium caepicola* Spegazzini

- *Stemphylium allii* Oudemans

- *Stemphylium parasiticum* (Thimen.) Elliott ex. A. W. Henry

- *Tyrosporaparasitica* (Thimen.) Angell

2.1 OCORRÊNCIA DE DOENÇA

A doença do míldio foliar da cebola causada por *S. vesicarium* e pelo seu estado perfeito *Pleospora allii* foi registada pela primeira vez no mundo por Su (1936) como *Macrosporium parasiticum* (*Pleospora herbarum*) da Birmânia. Na Índia, o míldio foliar de Stemphylium no alho foi registado pela primeira vez por Rao e Pavgi (1975). Observaram que a infeção se limitava às folhas e aos caules das inflorescências.

S. vesicarium foi registado em vários hospedeiros de vários países como em luzerna da África do Sul (Lamprecht *et al.* 1984), em espargos do estado de Washington (Johnson 1987) e da África do Sul (Thompson & Uys 1992), em peras de Itália (Brunelli & Penti 1989) e Espanha (Baroja 1999), em coco do Sul de Omã (Hammouda 1991), em cebola de Portugal (Tomaz & Lima 1986), Espanha (Basallote *et al.* 1999) e do Sul do Texas (Miller *et al.* 1978), em *Allium* spp. (Cho & Yu 1998) da Coreia e em alho da África do Sul (Aveling & Naude 1992), Brasil (Boiteux *et al.* 1994), Espanha (Basallote *et al.* 1999) e Austrália (Suheri & Price 2000). O agente causal do míldio foliar severo do alho *(Allium sativum)* e da cebola *(Allium cepa)* nos municípios de Rangel e Sucre do Estado de

Mérida, Venezuela, foi identificado como *S. vesicarium* e este foi o primeiro relato de *S. vesicarium* causando o míldio foliar severo do alho e da cebola na Venezuela (Cedeno *et al.* 2003).

Na Índia, *S. vesicarium* foi registado em cebola de Maharashtra (Patil & Patil 1992) e de Bihar (Sinha *et al.* 1996). Sinha *et al.* (1998) observaram o anamorfo *S. vesicarium* e o teleomorfo *Pleospora* spp. no alho, o que constitui um novo registo para a Índia. A incidência do míldio foliar no alho também foi registada em Himachal Pradesh (Sugha & Kumar 2005). Shubana *et al.* (2008) observaram pela primeira vez o míldio de Stemphylium do agente patogénico da cebola *S. vesicarium* (Wallr.) E. Simmons; estado perfeito *Pleospora allii* (Pers. ex. Fr.) Rabenh.) de Jammu & Caxemira.

2.2 SINTOMATOLOGIA

Cho e Yu (1998) identificaram mais de 100 isolados de lesões foliares de alho, cebola e alho-francês como *S. vesicarium* com base nas características morfológicas. *O S. botryosum (Pleospora tarda) já tinha* sido registado anteriormente nestas culturas na República da Coreia. De acordo com Cho e Yu, o agente patogénico induz sintomas de doença nas folhas de alho sete dias após a inoculação em condições controladas.

Basallote *et al.* (1999) realizaram estudos entre 1989 e 1993 nas principais zonas de produção de alho em Espanha e identificaram uma nova doença da mancha foliar, caracterizada por lesões brancas e púrpuras seguidas de necrose extensa.

S. vesicarium isolado de lesões em folhas de alho (*A. sativum*) apresentou sintomas de mancha foliar púrpura em explorações comerciais de alho em Tenter field, Nova Gales do Sul, em 1994, e em Waikerie, Austrália do Sul, em 1997; onde a mancha foliar púrpura ocorreu numa forma epidémica (Suheri & Price 2000).

Hassan *et al.* (2007) referiram que as plantas de cebola *(Allium cepa* cv. Giza 6) em vários campos comerciais no Egipto apresentavam sintomas de míldio nas folhas e no caule das sementes com necrose das pontas seguida de pequenas manchas brancas e/ou grandes manchas roxas. Isolaram consistentemente um fungo do tecido infetado e identificaram-no como *S. vesicarium* com base nas suas características morfológicas.

Zheng *et al.* (2008) registaram o míldio foliar causado por *Stemphylium* spp. no alho na China. Observaram sintomas nas folhas durante o outono de 2004 até à primavera de 2007 em Danyang, Jiangsu e China. As análises morfológicas dos fungos e os testes de patogenicidade confirmaram a identidade dos fungos.

Zheng *et al.* (2009a) registaram uma nova doença do míldio foliar (*S. solani)* do alho de elevada severidade na China. Segundo estes autores, os sintomas iniciais consistiram em múltiplas manchas foliares brancas, pequenas, irregulares a ovais, que aumentaram mais tarde para produzir lesões púrpuras afundadas, por vezes rodeadas por uma margem amarela brilhante. medida que a doença progride, as lesões expandem-se e fundem-se, resultando no murchamento das pontas das folhas.

Polat *et al.* (2012) estudaram o míldio foliar causado por *S. vesicarium* em alho na Turquia. Observaram sintomas iniciais de manchas brancas que aumentaram e produziram lesões púrpuras afundadas, por vezes rodeadas por um bordo amarelo a castanho pálido.

Koike *et al.* (2013) descreveram os sintomas causados por *S. vesicarium* em salsa comercial na costa (Condado de Ventura) da Califórnia como manchas foliares circulares a ovais, bronzeadas a castanhas, resultando na perda de qualidade e rendimento da cultura.

2.3 PATOGENICIDADE

Patil e Patil (1992) isolaram e confirmaram a patogenicidade de *S. vesicarium* na cebola no distrito de Nasik, em Maharashtra.

Boiteux *et al.* (1994) reproduziram os sintomas da doença em folhas de alho após 8-10 dias de inoculação com *S. vesicarium*. Também conseguiram criar a infeção artificialmente na cebola e no tomate com o isolado de alho, *S. vesicarium*.

Basallote *et al.* (1999) realizaram estudos entre 1989 e 1993 nas principais zonas de produção de alho em Espanha. Durante o estudo, identificaram uma nova doença da mancha foliar caracterizada por lesões brancas e púrpuras seguidas de necrose extensa. Os testes de isolamento e patogenicidade com isolados fúngicos retirados das manchas infectadas de plantas de alho indicaram que *S. vesicarium* era o agente causador. Também se observaram pseudotecas do estádio teleomorfo, *Pleospora* spp. nos restos de folhas das plantas afectadas. A inoculação de plantas de alho e cebola com resíduos portadores de pseudotecas maduras resultou no desenvolvimento de manchas foliares brancas e roxas.

Os testes de patogenicidade em alho, utilizando isolados de *S. vesicarium* de alho, cebola e espargos, reproduziram sintomas de necrose apical e manchas brancas no prazo de 4 a 6 dias após a inoculação e, aproximadamente uma semana mais tarde, desenvolveram-se manchas púrpuras individuais nas folhas mais velhas de algumas plantas (Basallote *et al.* 1999). As reisolações destes tecidos infectados deram resultados semelhantes aos das plantas infectadas naturalmente.

Zhang *et al.* (2007) isolaram *S. vesicarium* de folhas de alho de um campo infetado e confirmaram a sua patogenicidade. O desenvolvimento de epidemias de mancha castanha em pomares de pera, causadas por *S. vesicarium, foi* estudado por Rossi *et al.* (2005).

Hassan *et al.* (2007) observaram que as folhas de cebola apresentavam necrose das pontas com pequenas manchas brancas e/ou grandes manchas roxas e confirmaram *S. vesicarium* como o agente patogénico com base nas suas características morfológicas. Também confirmaram o teste de patogenicidade através do reisolamento do fungo das lesões das plantas inoculadas. Zheng *et al.*

(2009a) registaram uma nova doença do míldio foliar do alho de elevada severidade na China. Após o isolamento e o teste de patogenicidade, o agente causal do míldio foliar do alho foi identificado como *S. solani* com base em características culturais e morfológicas.

A germinação de conídios, a formação de apressórios e a penetração de conídios de *S. vesicarium* em folhas de cebola foram estudadas por Aveling e Heidi (2009).

Koike *et al.* (2013) isolaram *S. vesicarium* da salsa e completaram os postulados de Koch reproduzindo os sintomas que eram idênticos aos observados no campo.

2.4 CARACTERES MORFOLÓGICOS DO AGENTE PATOGÉNICO

O género *Stemphylium* foi descrito por Wallroth em 1833 (Neegaard 1945). Outras contribuições para a nomenclatura das espécies e do género *Stemphylium* foram dadas por Wiltshire (1933 & 1938). Este recomendou a divisão do género *Stemphylium* em subgéneros *Eustemphylium* e *Pseudostemphylium*. As espécies do subgénero *Eustemphylium* nunca formam cadeias de conídios, sendo os esporos sarciniformes, sem qualquer bico, na maioria das vezes com uma parede transversal média com uma constrição. Inclui *S. botryosum* e *S. sarciniforme*. O género *Pseudostemphylium* inclui as espécies que nunca formam cadeias de conídios, sendo os esporos ovais ou ovóides, sem qualquer bico ou um septo transversal médio principal.

A informação descritiva sobre *S. vesicarium* foi apresentada por Simmons (1969). Segundo este autor, os conidióforos produzem radialmente a partir de uma massa basal de células comprimidas ou arredondadas ou compactamente em paliçada a partir de uma camada basal comum de células. Os conidióforos podem ser rectos ou curvos, simples ou ocasionalmente com uma ramificação, cilíndricos mas alargados apicalmente até ao local de produção dos conídios. Os conidióforos são castanho-amarelados diluídos ou castanho-azeitona (escurecendo para castanho-dourado médio no ápice inchado), lisos, 1-4 septados, 5-8 x 33-47 pm com células apicais inchadas ou nitidamente alargadas para 7-9 pm de diâmetro, células esporíferas apicais com um único poro de 4-7 pm de diâmetro com até cinco proliferações apicais.

Simmons (1969) descreveu os conídios como oblongos ou amplamente ovais, às vezes unilaterais com 1-5 septos transversais e 1-2 séries completas ou quase completas de septos longitudinais, constritos em um ou mais lugares (geralmente três dos principais septos transversais), diluídos ou marrom dourado médio a marrom oliva, medindo 12-22 x 25-42 pm com uma média de 17,7 x 33,4 pm, ou seja, relação comprimento / largura de 1,5-2,7 com uma cicatriz basal conspícua como zona de até 7 pm de diâmetro em torno de um pequeno poro, com um rácio comprimento/largura de 1,5-2,7, com uma zona de cicatrização basal conspícua com um diâmetro de até 7 pm em torno de um pequeno poro. O estado perfeito amadurece abundantemente e de forma bastante rápida (3-6 meses) à temperatura do frigorífico. Os estromas tornam-se visíveis numa transferência fresca no final de uma semana em grande número, especialmente se a cultura for exposta diariamente a algumas horas de luz. Os ascostromata têm geralmente 0,5 mm de largura e 1,0 mm de altura, com um bico apical muito pronunciado que perfaz metade da altura.

Aveling e Rong (1994) estudaram a formação de conídios em *S. vesicarium* através de microscopia eletrónica. Observaram que os conidióforos são rectos ou flexuosos, simples, lisos e cilíndricos, mas aumentam apicalmente no local de produção de conídios. Conídios lisos e redondos, semelhantes a botões, são produzidos individualmente no ápice dos conidióforos verrucosos. Quando os conídios maduros são semeados, é visível um pequeno poro no ápice da célula conidiogénica. Os conidióforos proliferam frequentemente na região distal, formando conídios e conidióforos secundários.

As características morfológicas dos conidióforos e conídios de isolados de alho, cebola e espargos de quatro regiões de Espanha foram semelhantes às publicadas para *S. vesicarium* (Simmons 1969). Os conidióforos provenientes do estroma variaram em número e apresentaram-se cilíndricos, não ramificados, castanhos claros, com células apicais castanhas escuras alargadas e proliferando frequentemente através da produção de novos conidióforos a partir dos ápices dos antigos. Os conídios maduros costumam ser castanhos, oblongos a ovais, 25-42 x 12-19 mm, 1-3 constrições transversais, 1-3 (e até 4) séries completas de septos longitudinais e um número variável de septos transversais (Basallote *et al.* 1999).

Os conídios são castanho-azeitona, oblongos ou muriformes, com três septos transversais apertados (Bayaa & Erskine 1998; Raid & Kucharek 2005). O tamanho dos conídios varia de 13x8 a 78x24 pm, enquanto o tamanho dos conidióforos varia de 25x2 a 285x6 pm em diferentes espécies de *Stemphylium* (Camara *et al.* 2002). Os peritécios são globosos, membranosos e pretos e, por vezes, têm um pescoço fino (Bayaa & Erskine 1998).

Belisario *et al.* (2008) identificaram *S. vesicarium* com base nos caracteres morfológicos dos conídios e conidióforos. Descreveram os conídios como castanho-dourados a afogueados escuros, oblongos a ovais com um a quatro septos transversais e um a três septos longitudinais com constrição em um a três dos principais septos transversais. As dimensões dos conídios variam de 12 a 22 x 30 a 40 pm. De acordo com eles, os conidióforos são rectos ou ocasionalmente com um ramo com um ápice inchado e um a quatro septos.

As colónias de *S. vesicarium* (Wallr.) Simmons foram descritas como efusivas, castanhas oliváceas a pretas, algo aveludadas; conídios castanhos claros a médios ou castanhos oliváceos, verrucosos, com até seis septos transversais e vários longitudinais, na sua maioria constritos nos septos transversais principais, 20-50 x 15-26 pm (Polat *etal.* 2012).

2.5 EFEITO DA DATA DE SEMENTEIRA NA SEVERIDADE DO MÍLDIO FOLIAR

O efeito das datas de sementeira no desenvolvimento de doenças foliares e no rendimento da grama preta *(Vigna mungo* cv. Type-9) foi investigado por Mittal (1999) nas colinas de Kumaon, no Uttar Pradesh, durante três épocas (1990-92). Embora a cultura semeada tardiamente tenha sofrido menos com a doença, a produção máxima foi registada na cultura semeada a 30th de junho, em comparação com a de maio e julho.

Tripathi *et al.* (1998) registaram diferenças significativas na gravidade da doença entre datas de sementeira, como no caso da mancha foliar do sésamo causada por *Alternaria alternata. Observaram* também uma interação significativa entre as datas de sementeira e as variedades.

Maheshwari *et al.* (2000) estudaram o efeito dos parâmetros ambientais na mancha foliar de Alternaria do feijão dolichos *(Lablab purpureus)* causada por *A. alternata* em condições de campo durante 1993-94 e 1994-95. As intensidades máxima e mínima da doença foram registadas na terceira semana de novembro e na primeira semana de outubro, respetivamente, em ambos os anos de ensaio.

Ao estudar a praga de Alternaria da calêndula, Barnwal *et al.* (2001) observaram que a plantação tardia de calêndula favorece o desenvolvimento da praga.

Sugha e Suman (2005) referiram que a doença do míldio do alho aparece inicialmente em dezembro no vale inferior e na 3rd semana de janeiro nas zonas de maior altitude. Segundo eles, a cultura plantada densamente e semeada cedo (1st semana de outubro) apresentou maior infeção do que a cultura plantada a distâncias óptimas e semeada tarde (última semana de novembro).

Barnwal e Prasad (2005) realizaram experiências de campo durante as estações *rabi* de 1998-99 e 1999-2000 em Ranchi, Bihar, para determinar o efeito das datas de sementeira (11, 18, 25 e 31 de outubro e 1, 8, 15, 22 e 29 de novembro) na incidência do míldio Stemphylium e no rendimento das cebolas (cv. N-53). As cebolas semeadas a 29 de novembro apresentaram a menor intensidade da doença e o maior número total de folhas verdes por planta.

O alho semeado na 3rd semana de outubro sofreu uma intensidade mínima da doença do míldio foliar (Jitendra & Upesh 2006).

Huq e Khan (2007b) referiram que as lentilhas podiam escapar à infeção pelo míldio de Stemphylium mudando as datas de sementeira. A severidade mais baixa e a mais elevada foram registadas em 1st de novembro e 30th de dezembro, respetivamente. A gravidade da infeção aumentou progressivamente com o avanço da data de sementeira de 1st de novembro para 30th de dezembro.

2.6 PARÂMETROS EPIDEMIOLÓGICOS PARA O DESENVOLVIMENTO DO MÍLDIO FOLIAR

Os parâmetros climáticos têm um papel fundamental no desenvolvimento de doenças foliares. Prados *et al.* (1998) referiram que as pseudotecas de *Pleospora allii* se desenvolvem melhor em restos de folhas de alho infectadas por *S. vesicarium* a baixa temperatura (5-10^0 C) e humidade relativa (HR) próxima da saturação. Uma humidade relativa <96% impede a formação de pseudotecas, enquanto uma temperatura de incubação de 15-20⁰ C leva à degeneração precoce das pseudotecas.

Temperaturas máximas médias diárias de 26-28°C e mínimas de 18-20°C, humidade relativa de cerca de moderada a 80%, precipitação constante (40-120 mm em 4-5 dias de chuva/semana) foram consideradas favoráveis ao desenvolvimento e propagação do míldio foliar da grama preta causado por *A. alternata* (Mittal 1999).

Ao estudarem o efeito dos parâmetros ambientais na mancha foliar de Alternaria do feijão Dolichos, Maheshwari *et al.* (2000) identificaram os parâmetros climáticos mais importantes que favorecem a intensidade máxima da doença como a temperatura média e a UR que variam entre 26-28⁰ C (máx.) e 11-13⁰ C (mín.) e 72-77% (máx.) e 51-54% (mín.), respetivamente.

Para a infeção das folhas de cebola por *Alternariaporri* a 5°C, são necessárias 16 horas ou mais de duração da humidade da folha, mas a 10-25°C são necessárias apenas 8 horas (Suheri & Price 2001). O número de lesões aumentou com o aumento da temperatura e da duração da humidade das folhas em condições de campo. Também se observou uma maior incidência da doença durante a primavera e o outono do que durante o verão. A armadilha de esporos revelou que tanto os esporos de *A. porri* como os de *S. vesicarium* estão presentes no ar e ambos são responsáveis pelo aumento da incidência da doença durante as estações de crescimento.

Os períodos de incubação e de latência foram mais curtos a 21⁰ C e 80-100% HR no míldio da cebola causado por *S. botryosum* e *A. alternata,* indicando a grande influência da temperatura e da humidade relativa no desenvolvimento e esporulação da doença (Cova & Rodríguez 2001).

Llorente e Montesinos (2002) estudaram o efeito da humidade relativa e de períodos de humidade interrompidos na severidade da mancha castanha da pereira causada por *S. vesicarium.* As plantas incubadas sob UR sem humidade foram consideradas isentas de mancha castanha, indicando que os conídios de *S. vesicarium* requerem a presença de uma película de água na superfície da planta para desenvolver infecções na pera.

Foi referido o papel da humidade relativa, da concentração de conídios no ar e do número de horas com temperaturas entre 12 e 21⁰ C na severidade do míldio foliar do alho (Prados *et al.* 2003).

As pseudotecas também se desenvolvem apenas em condições de elevada humidade relativa e a temperatura óptima varia entre 10 e 15⁰ C (Llorente & Montesinos 2004).

Rossi et al. (2005) estudaram o aumento da concentração de esporos de *S. vesicarium* na pera, que foi significativamente correlacionado com a redução da humidade relativa e da humidade no início da manhã e com o aumento do vento no final da manhã e da tarde. Salientaram a correlação significativa entre os picos de esporos e os dias com condições climatéricas favoráveis.

O efeito das condições ambientais na incidência e desenvolvimento de doenças foliares do alho (mancha púrpura e míldio de Stemphylium) foi estudado na variedade Yamuna Safed 3 em Karnal (Anon. 2013b). Observaram o míldio de Stemphylium no alho durante a 8th semana (21 de fevereiro) em condições climáticas favoráveis à infeção e ao desenvolvimento da doença (temp. 9,0 - 23,0°C e RH 64-95%).

Gupta e Gupta (2014) realizaram experiências sobre estudos epidemiológicos de *S. vesicarium* (Wallr.) Simmons na variedade de cebola Agrifound Light Red durante o *rabi* (inverno) de 2006-07 a 08-09 na Research Farm, National Horticultural Research and Development Foundation, Nashik. Os dados revelaram um aumento progressivo e um índice percentual máximo de doença (PDI) do míldio de Stemphylium nas 12[th,] 14th e 15th semanas padrão durante o *rabi* de 2006-07, 2007-08 e 2008-09, respetivamente. A temperatura média variou de 16,25°C a 22,5°C e a humidade relativa variou entre 85% e 90% durante as 4th e 5th semanas padrão dos três anos.

2.7 RASTREIO DE GENÓTIPOS QUANTO À RESISTÊNCIA A DOENÇAS

Pandey *et al.* (1989) efectuaram um rastreio varietal do alho e registaram a infeção mais baixa por *Stemphylium* em HG1 com o rendimento mais elevado (n.º de dentes/bolbo e peso de bolbos e dentes).

Bisht e Thomas (1992) também efectuaram ensaios de seleção de variedades de alho durante 1986-88 para avaliar a sua resistência à mancha púrpura e ao míldio de Stemphylium em condições epifitóticas naturais e artificiais. Observaram que a maioria das linhas era moderada e altamente suscetível a ambos os agentes patogénicos.

Ao estudarem a prevalência e a incidência do míldio da cebola (Stemphylium blight), Jakhar *et al.* (1994) registaram uma maior incidência da doença na cultura de sementes de cebola cv. Hisar-2 do que na cultura de bolbos de Hisar-2 e Pusa Red.

Seis das sete linhagens de alho cvs testadas apresentaram suscetibilidade à inoculação com os isolados 17/94 e 9/93 de *S. vesicarium*, mas diferiram muito na incidência e severidade da doença; apenas os sintomas de necrose apical apareceram na linhagem B4P17 (Basallote *et al.* 1999).

Ao rastrear 135 germoplasmas de cebola quanto à sua resistência contra *S. vesicarium*, em condições naturais, Vyas (2000) registou 21 linhas como resistentes, 48 linhas como moderadamente resistentes e 42 linhas como moderadamente susceptíveis.

Entre as 16 colecções de alho avaliadas contra o míldio de Stemphylium e a mancha púrpura, G-1, G-4 e G-305 foram consideradas as mais promissoras, com a menor incidência da doença do míldio de Stemphylium (Srivastava *et al.* 2005).

Diferentes linhas promissoras foram avaliadas contra o míldio do alho por Stemphylium (Anon. 2011b). Entre as linhas de alho promissoras, G-299, G-304, G-324 e G-351 registaram a menor intensidade da doença.

Diferentes germoplasmas/linhas avançadas de alho foram avaliados contra doenças foliares, *nomeadamente o míldio de* Stemphylium e a mancha púrpura, em Nashik e Karnal. A linha, BGSD-1222, teve um desempenho superior em ambos os locais. A intensidade do míldio de Stemphylium manteve-se em 1,6% em Nasik e 6,6% em Karnal (Anon. 2013b).

2.8 IDADE DA PLANTA NO DESENVOLVIMENTO DA DOENÇA

F. oxysporum f. sp. *ciceris* causa a doença da murcha em até 61%, se o ataque ocorrer na fase de plântula e 43% na fase de floração (Nema & Khare 1973). Embora as plantas de mamona sejam infectadas pela murcha nos estágios iniciais da cultura, os sintomas são observados principalmente nos estágios de floração e formação de espigas (Nanda & Prasad 1974).

Os níveis de danos foliares causados por *A. porri* foram significativamente mais baixos (P = 0,05) nas folhas mais jovens do que nas folhas mais velhas da cebola. As folhas que emergiram 9, 8, 7, 6 e 5 semanas antes da maturidade do bolbo necessitam de 5½, 5, 4 ½, 3 ½ e 2 ½ semanas, respetivamente, para atingir 50% de danos foliares, enquanto as folhas que emergiram 2, 3 e 4 semanas antes da maturidade do bolbo excedem 50% de danos foliares em duas semanas (Miller 1983).

Barnwal *et al.* (2001) registaram o efeito da idade de plantação no desenvolvimento do míldio da calêndula (Tagetes sp. cv. Lemondrop), causado por *A. tenuissima.* De acordo com as suas observações, as plantas com 51 dias de idade apresentaram a maior intensidade da doença, seguidas pelas plantas com 58 e 65 dias de idade. A intensidade da doença diminuiu com a idade; a intensidade mais baixa da doença apareceu em plantas com 86 dias.

O impacto da idade da planta na resistência ao míldio Ascochyta (*A. rabiei*) do grão-de-bico foi avaliado por Chongo e Gossen (2001). Estes autores sublinharam que a idade da planta tem um grande impacto na reação das cultivares resistentes; a resistência diminui com a idade da planta nas cultivares de grão-de-bico parcialmente resistentes.

Ao estudar a influência da idade da planta no desenvolvimento da antracnose do feijão-caupi causada por *C. dematium,* Pakela *et al.* (2002) observaram que as plantas inoculadas três semanas após a sementeira pareciam mais resistentes à infeção do que as inoculadas às seis e nove semanas após a sementeira.

Ao determinar a idade adequada das plantas de lentilha para a inoculação com *S. botryosum*, Pramod Kumar (2007) registou uma maior gravidade da doença aos 42 ou 56 dias após a plantação (DAP).

Ao testar a suscetibilidade da mamona contra a murcha de Fusarium em diferentes estágios de crescimento da planta, foi observada uma infeção severa nas plantas aos 11 e 18 dias após a semeadura (DAS), enquanto as plantas aos 25 DAS exibiram a menor doença (Mamza *et al.* 2008).

Plantas de mamona de idades variadas (11, 18 e 25 dias de idade) inoculadas com *A. ricini* aos 11 e 18 DAE (dias após a emergência) revelaram severidade significativamente maior do que aquelas inoculadas aos 25 DAE (Ranjana *et al.* 2013).

2.9 EFICÁCIA DE DIFERENTES FUNGICIDAS CONTRA O MÍLDIO DO ESTRAMÓNIO EM CONDIÇÕES *IN VITRO* E DE CAMPO

Singh e Milne (1977) observaram que o mancozebe, o captafol, o tirame e o cloronebe eram fungicidas promissores contra *S. vesicarium* em testes laboratoriais. Vyas (2000) estudou o efeito dos fungicidas mancozebe, clorotalonil e oxicloreto de cobre sobre *S. vesicarium* da cebola, para obter níveis mais elevados de inibição *in vitro* através da sua aplicação.

Chander *et al.* (2004) testaram diferentes fungicidas contra a inibição fúngica *in vitro* a taxas na gama de 1-1000 micro g/ml. De acordo com eles, os fungicidas triazóis exibiram o nível mais elevado de inibição do agente patogénico.

Os fungicidas fenbuconazol, tebuconazol e estrobilurinas apresentaram níveis mais elevados de inibição da germinação conidial de isolados de *S. vesicarium*, que mostraram resistência às dicarboximidas. Mas a melhor atividade na inibição do crescimento micelial deveu-se à aplicação de anilinopirimidinas, tebuconazol, flutriafol, difenoconazol e propiconazol (Collina *et al.* 2006).

Kumar *et al.* (2011) testaram dez fungicidas contra *S. vesicarium*. Entre eles, o carbendazim, o benomil, o mancozebe, o vitavax, o topsin-M e o captano revelaram-se os mais eficazes na inibição do crescimento de *S. vesicarium* in *vitro*.

Os estudos realizados por Srivastava *et al.* (1992) para o controlo da mancha púrpura e do míldio de Stemphylium revelaram que o mancozebe é o produto químico mais eficaz para a gestão de *S. vesicarium* e *A. porri*.

Os fungicidas tebuconazole, procymidone e fosetyl pulverizados antes da inoculação artificial reduziram significativamente as manchas foliares no alho causadas por *S. vesicarium* (Basallote *et al.* 1998). Em Espanha, obteve-se um bom controlo das manchas foliares de *Stemphylium aplicando* tebuconazol ou procimidona (isoladamente ou em alternância com clorotalonil) a intervalos regulares durante o crescimento vegetativo da cultura do alho.

Dos dez fungicidas testados contra o míldio da cebola, o mancozebe (0,20%), o propiconazol (0,025%), o oxicloreto de cobre (0,2%) e o clorotalonil (0,2%) foram considerados eficazes em condições *in vivo* (Vyas 2000).

Barnwal *et al.* (2003) estudaram a eficácia de *Pseudomonas fluorescens* e do hexaconazol no controlo de *S. botryosum [Pleospora herbarum]*, que causa o míldio da cebola cv. N-53. Todos os tratamentos reduziram a gravidade da doença em comparação com o controlo, tendo o tratamento com hexaconazol resultado numa menor gravidade da doença e num rendimento elevado da cultura em comparação com o tratamento com *P. fluorescens*.

Chander *et al.* (2004) testaram diferentes fungicidas contra o míldio da folha da cebola e a raiz do fruto da malagueta. Dos três triazóis, o folicur foi o mais eficaz contra *S. botryosum* e *C. capsici,* respetivamente, seguido de score e contaf. Os fungicidas de contacto (antracol, indofil M-45 e kavach) também demonstraram um bom controlo do míldio.

Do mesmo modo, o fungicida Pristine 38WG (propiconazole) e tanos 50DF (25 % famoxadon) demonstraram ser eficazes para limitar o desenvolvimento da mancha púrpura causada por *S. vesicarium* nos espargos (Hausbeck & Bousds 2005).

Barnwal *et al.* (2006) referiram que duas pulverizações de hexaconazol (0,1% cada) proporcionaram um controlo máximo do míldio de Stemphylium com 34,3% de PDI e um rendimento de bolbos de 190 q/ha, seguidas de duas pulverizações de dissulfureto de tetrametiltiurame (0,2%).

Collina *et al.* (2006) referiram que *S. vesicarium* é a doença fúngica da pera mais importante no Norte de Itália e que a sua gestão se baseia em aplicações preventivas frequentes de fungicidas.

Entre os fungicidas testados contra o míldio de Stemphylium da lentilha, o Rovral 50WP @ 0,2% foi observado como o fungicida mais eficaz, seguido pelo Dithane M-45 @ 0,2% e Tilt 250EC @ 0,05% (Huq & Khan 2007a).

Zheng *et al.* (2009b) registaram a eficiência fungicida e a supressão da doença com 10% de difenoconazole WG, 40% de flusilazole EC e 20,67% de flusilazole / famoxadone EC contra a mancha branca do alho. Alberoni *et al.* (2010) estudaram a sensibilidade de *S. vesicarium*, o agente causal da mancha castanha da pereira, aos fungicidas estrobilurina kresoxim-metilo, trifloxistrobina e piraclostrobina. Em conclusão, tanto os testes *in vitro* como a análise molecular confirmaram a primeira ocorrência de resistência de *S. vesicarium* a todos os fungicidas estrobilurina testados.

Em condições de campo, a pulverização de mancozeb (0,25%) na cultura do alho com um intervalo de 15 dias proporcionou a menor intensidade da doença (9,8%) com o maior rendimento (36,3 kg/parcela) em relação ao controlo (Kumar *et al.* 2011). Também se observou um resultado satisfatório no caso do tratamento do cravinho juntamente com duas pulverizações foliares de mancozebe (0,25%).

Gupta e Gupta (2014) revelaram o maior controlo da intensidade do míldio de Stemphylium (62,21%) da cebola com pulverizações foliares de propiconazole @ 0,1% seguido de mancozeb @ 0,25% (55,63) e oxicloreto de cobre @ 0,3% (54,78%) com bons rendimentos de 31,18, 28,10 e 27,83 t/ha, respetivamente.

2.10 ESTUDO DO MÍLDIO DO ALHO (STEMPHYLIUM BLIGHT)

Estudos de campo efectuados em culturas de alho no centro e sul de Espanha indicaram a ocorrência grave de manchas foliares de Stemphylium, incluindo manchas brancas e púrpuras (Basallote *et al.* 1993 & 1999).

Kumar *et al.* (1997) efectuaram um estudo da infeção por *A. alternata* em girassóis em 14 explorações agrícolas em Uttar Pradesh. A intensidade máxima da doença foi registada durante a época *da colheita*, variando entre 24,4 e 38,9%. A intensidade da doença durante a *rabi* e o verão manteve-se nos intervalos de 10,2-23,2 e 6,2-14,1%, respetivamente.

Cova e Rodriguez (2003) registaram o míldio da cebola *(Allium cepa* L.) no Estado de Lara, na Venezuela, onde 22 amostras de folhas de 16 localidades foram analisadas através de técnicas fitopatológicas padrão. As folhas recolhidas apresentavam sintomas visuais de míldio foliar. *S. botryosum* [*Pleospora herbarum*], *S. vesicarium* e *A. alternata* foram isolados em 93,7, 12,5 e 50,0% das amostras, respetivamente.

Sugha e Suman (2005) referiram que a incidência do míldio foliar do alho durante um estudo realizado em fevereiro, março e abril de 2003 em 103 localidades (nos distritos de Bilaspur, Chamba, Hamirpur, Kangra, Kullu, Mandi, Shimla, Sirmour, Solan e Una) em Himachal Pradesh. A gravidade média da doença variou entre 37,8 (Shimla) e 65,5% (Kullu). A maioria das amostras doentes (250) revelou a presença de *S. vesicarium.*

As observações registadas sobre a ocorrência de doenças importantes da cebola na quinta de investigação de Chitegaon, em Nasik, revelaram uma maior incidência do míldio de Stemphylium (62,0%) e da mancha púrpura (26,0%) na cebola em novembro de 2010 (Anon. 2011b). Outros estudos realizados durante 2010-11 indicaram uma incidência moderada de Stemphylium blight (26,0%) na cultura de bolbos de cebola e (22,0%) na cultura de sementes durante março e uma menor incidência de Stemphylium blight (10%) na cultura de bolbos de cebola durante janeiro. Em fevereiro e março, registou-se uma incidência muito baixa de Stemphylium blight (1,5%) e uma incidência elevada de mancha púrpura no alho (46%).

CAPÍTULO - 3
MATERIAIS E MÉTODOS

Artigos de vidro

Todos os objectos de vidro utilizados no estudo eram da marca Corning. Estes foram limpos por imersão em solução de ácido crómico a 6% durante uma noite, seguida de lavagem com água da torneira, enxaguamento com água destilada e secagem em estufa.

Equipamentos

Os equipamentos de laboratório utilizados foram o fluxo laminar, o autoclave, a estufa de ar quente, a incubadora, o frigorífico, a balança física, a balança eletrónica, o microscópio, a platina e os micrómetros oculares, etc.

Esterilização

Todos os meios foram esterilizados a 1,038 kg/cm^2 (15 lb psi) de pressão de vapor e 121,6^0 C num autoclave durante 20 minutos. Os artigos de vidro foram esterilizados num forno elétrico de ar quente a 180^0 C durante uma hora. Os potes de barro foram esterilizados por imersão numa solução de formaldeído a dois por cento durante 30 minutos.

RECOLHA DE AMOSTRAS

As plantas que apresentavam sintomas típicos de míldio, causado por *Stemphylium vesicarium* (Wallr.) E. Simmons, foram colhidas em campos de alho da Estação de Investigação Vegetal, Universidade Agrícola de Junagadh, Junagadh, durante o *rabi* de 2012. As plantas de alho recém-colhidas com míldio, que apresentavam pequenas manchas brancas irregulares a ovais nas folhas, que aumentavam de tamanho para produzir lesões púrpuras afundadas, por vezes rodeadas por uma margem amarela brilhante, foram lavadas cuidadosamente e depois examinadas imediatamente ao microscópio composto para identificação preliminar do agente patogénico.

ISOLAMENTO

As plantas de alho recém-colhidas com sintomas de míldio foliar foram seleccionadas para isolamento. O isolamento do fungo foi efectuado através da técnica de isolamento de tecidos. Cortaram-se pequenos pedaços de tecido foliar (3 mm) colhidos das folhas infectadas, que apresentavam míldio, juntamente com algum tecido saudável, utilizando um bisturi esterilizado e os tecidos cortados foram esterilizados com cloreto de mercúrio a 0,1% durante 30 segundos. Os pedaços de tecido foram posteriormente lavados em três mudas de água esterilizada e transferidos para uma placa de Petri

placas contendo meio de ágar dextrose de batata (PDA) antes de incubar a 25 ± 1^0 C. A cultura foi transferida para tubos de PDA e posteriormente purificada pelo método da ponta de hifa e depois pelo isolamento de um único esporo numa câmara de isolamento com um fluxo laminar. A cultura foi mantida em PDA, armazenando-a sob refrigeração (10^0 C) e efectuando transferências periódicas todos os meses para estudos posteriores.

3.1 MORFOLOGIA E IDENTIFICAÇÃO DO AGENTE PATOGÉNICO

As características morfológicas do fungo, *nomeadamente o* tamanho dos conidióforos, dos conídios e do micélio, foram estudadas com a ajuda de um microscópio composto (40X). As lâminas do fungo foram preparadas através da coloração de um fungo em crescimento ativo com azul de algodão. Depois de calibrar o microscópio, mediram-se os conidióforos, os conídios e o micélio com a ajuda de micrómetros oculares e de estágio. As fotomicrografias foram tiradas com a ajuda de uma câmara instalada no microscópio. O fungo causal foi identificado com base nos seus caracteres morfológicos.

3.1.1 Manutenção da cultura pura

O fungo isolado das folhas de alho atacadas foi subcultivado em placas de PDA, que foram mantidas a 25 ± 1^0 C durante dez dias. Esses slants foram conservados sob refrigeração a 5-10^0 C. Esta cultura foi subcultivada a intervalos regulares e foi utilizada para estudos posteriores.

3.2 PATOGENICIDADE

Para cumprir o "Postulado de Koch", a natureza patogénica do fungo *(Stemphylium vesicarium)* isolado das folhas doentes do alho foi estabelecida através da técnica de ferimentos nas folhas com pincel. Um conjunto de vasos, constituído por dois vasos esterilizados, foi preenchido com solo esterilizado e, em seguida, cinco dentes de alho (GG-4) foram semeados em cada vaso após esterilização superficial com solução de cloreto de mercúrio a 0,1% durante 1 minuto. Estes vasos foram considerados como controlo. Da mesma forma, outro conjunto de dois vasos esterilizados foi preenchido com solo esterilizado. Foram semeados cinco dentes de alho em cada vaso. As plantas de alho cultivadas nestes vasos foram pulverizadas com a suspensão de conídios preparada a partir de uma cultura de *Stemphylium vesicarium* com 10 dias de idade, com uma força de 5 x 10^3 conídios/ml (Basallote *et al.* 1999), 25 dias após a sementeira, utilizando um atomizador manual, depois de fazer ferimentos esfregando com pó de carborandum. As plantas foram feridas com pó de carborandum e mantidas por pulverização de água no controlo em vez de suspensão conidial do fungo causal. Após a inoculação, todas as plantas, incluindo o controlo, foram mantidas em câmaras húmidas durante 72 horas para manter uma humidade elevada. As câmaras húmidas foram pulverizadas com água da torneira sempre que necessário. As plantas foram então transferidas para uma casa de rede e observadas quanto ao desenvolvimento de sintomas da doença. A rega foi efectuada sempre que necessário. medida que os sintomas da doença apareciam, o fungo era reisolado dessas plantas e o fungo reisolado era levado para cultura pura, que era posteriormente comparada com a original.

3.3 SINTOMATOLOGIA

As plantas inoculadas foram observadas periodicamente quanto ao aparecimento e desenvolvimento dos vários tipos de sintomas, nomeadamente manchas brancas nas folhas, lesões púrpuras nas folhas, margens amarelas brilhantes, secagem das folhas e, por fim, o míldio. O fungo foi então reisolado das folhas da planta afetada em PDA.

3.4 EFEITO DA DATA DE SEMENTEIRA NA SEVERIDADE DO MÍLDIO FOLIAR

Foram efectuados ensaios de campo na Vegetable Research Station (2012-13) e na College Research Farm, Department of Plant Pathology (2013-14), Junagadh Agricultural University, Junagadh, utilizando a variedade suscetível GG-4 durante o *rabi* de 2012-13 e 201314. Os cravos-da-índia foram semeados em parcelas (3 x 1,5 m2) com um espaçamento entre plantas de 10 cm e uma distância entre linhas de 15 cm, num esquema de blocos aleatórios. A cultura foi semeada em quatro datas diferentes, com intervalos de 15 dias, a partir da 3rd semana de outubro, em ambos os anos. Foram mantidas cinco repetições para cada tratamento. A intensidade da doença foi registada aos 45, 60, 75 e 90 dias após a sementeira (DAS) de dez plantas seleccionadas aleatoriamente, utilizando uma escala de 0-5 (Srujani *et al.* 2013), como indicado abaixo.

Grau   **Percentagem de área coberta (folha)**

0		=Não
1	=	1 - 10
2	=	11 - 20
3	=	21 - 30
4	=	31 - 50
5		=> 50

A intensidade da doença foi calculada utilizando a seguinte fórmula.

$$\text{Per cent disease intensity} = \frac{\text{Sum of numerical value}}{\text{Number of observation X Maximum rating}} \times 100$$

3.5 PARÂMETROS EPIDEMIOLÓGICOS SOBRE O DESENVOLVIMENTO DO MÍLDIO FOLIAR

Foram efectuados ensaios de campo na Vegetable Research Station (2012-13) e na College Research Farm, Department of Plant Pathology (2013-14), Junagadh Agricultural University, Junagadh, utilizando a variedade suscetível GG-4 durante o *rabi* de 2012-13 e 201314, respetivamente. Os cravos-da-índia foram semeados a 1st de novembro em parcelas (3 x 1,5 m2) com um espaçamento entre plantas de 10 cm e uma distância entre linhas de 15 cm. A intensidade da doença foi registada aos 30 DAS e, posteriormente, a intervalos semanais em dez plantas seleccionadas ao acaso. A intensidade da doença foi calculada utilizando a fórmula mencionada anteriormente no ponto 3.4.

Os dados meteorológicos foram recolhidos no observatório meteorológico da University Research Farm e a média das diferentes observações foi determinada em intervalos semanais (Apêndices I e II). Procedeu-se a uma análise de regressão múltipla dos factores meteorológicos, tais como as médias das temperaturas máxima (X_1) e mínima (X_2), das humidades relativas (HR) matinais (X_3) e vespertinas (X_4) e da velocidade do vento (X_5), para determinar o R^2 (coeficiente de determinação) e o valor do coeficiente de regressão parcial (b) a um nível de probabilidade de 5% (Snedecor e Cochran 1967). A gravidade média prevista da doença (Y) foi obtida utilizando a equação Y = a + b_1X_1 +b_2X_2 +... +b_5X_5, em que Y representa a severidade prevista do míldio de Stemphylium, a representa a interceção e b_1 a b_5 representam os coeficientes de regressão parciais dos factores meteorológicos X_1 a X_5 .

3.6 RASTREIO DE GERMOPLASMA DE ALHO PARA RESISTÊNCIA AO MÍLDIO DO ESTRAMÓNIO

O míldio do alho causado por *S. vesicarium* tornou-se um importante estrangulamento na cultura do alho na região de Saurashtra, em Gujarat, nos últimos cinco anos. Não há registo de fontes de resistência disponíveis contra esta doença. Este facto torna necessário o desenvolvimento de cultivares resistentes para combater este novo problema. Tendo em conta a sua gravidade, ocorrência e efeito nas perdas causadas por esta doença, foram feitos esforços para encontrar fontes resistentes para selecionar cultivares promissoras a partir de certas linhas indígenas e algumas cultivares comerciais de alho.

Cravos-da-índia de 14 linhagens/entidades, incluindo algumas variedades comerciais, foram adquiridos na Vegetable Research Station, Junagadh Agricultural University, Junagadh. Foram seleccionados para resistência ao míldio de Stemphylium (*5. vesicarium)* durante a *rabi-2012-13* e 2013-14, respetivamente, na Vegetable Research Station e na College Research farm, Department of Plant Pathology, Junagadh Agricultural University, Junagadh. As linhas/entradas foram seleccionadas em condições naturais em ambos os anos. Cada linha foi semeada (05-11-12 e 06-11-13) em três filas de 5 m de comprimento, mantendo 15 cm de espaço entre as linhas e 10 cm entre as plantas. Foi mantida uma linha infectora (variedade suscetível GG-4) após cada quatro linhas de germoplasma testado, a fim de desenvolver um bom potencial de inóculo.

Foram seguidas todas as práticas agronómicas recomendadas e as plantas foram protegidas dos danos causados por insectos (tripes) através da pulverização de insecticidas, ou seja, etião, profenofos e fipronil.

A intensidade da doença foi avaliada com base na percentagem de área foliar danificada pelo míldio aos 45, 60, 75 e 90 DAS (dias após a sementeira) da cultura, seleccionando aleatoriamente 10 plantas de cada germoplasma/linha/cultivar. A intensidade da doença foi calculada utilizando a fórmula mencionada no ponto 3.4.

O germoplasma/variedades/linhas/cultivares foram classificados em diferentes categorias (Srujani *et al.* 2013), conforme mencionado abaixo.

Reação à doença	Grau		Área infetada das folhas (%)
Imune	0	=	Nulo
Resistente	1	=	1 - 10
Moderadamente resistente	2	=	11 - 20
Moderadamente suscetível	3	=	21 - 30
Suscetível	4	=	31 - 40
Altamente suscetível	5	=	> 50

3.7 EFEITO DA IDADE/ESTÁGIO DA PLANTA NA INTENSIDADE DA DOENÇA CAUSADA POR *STEMPHYLIUM VESICARIUM*

Plantas de diferentes grupos etários, viz., 30, 40, 50, 60 e 70 dias foram cultivadas para inoculação, semeando cinco sementes de alho (GG-4) em cada vaso (15 cm de diâmetro) a vários intervalos para diferentes tratamentos. As plantas de diferentes grupos etários foram inoculadas através do método de inoculação por pulverização, pulverizando o inóculo, que foi produzido em laboratório. As plantas de controlo foram mantidas sem inóculo. Cada tratamento foi repetido quatro vezes. As plantas foram observadas regularmente após a inoculação para detetar o aparecimento da doença. A gravidade das plantas infectadas foi medida aos dez e vinte dias após a inoculação. A intensidade da doença foi calculada utilizando a fórmula mencionada no ponto 3.4.

3.8 AVALIAÇÃO DE FUNGICIDAS CONTRA *S. VESICARIUM* EM CONDIÇÕES *IN VITRO*

Diferentes fungicidas (Quadro 3.9.1) foram testados quanto à inibição do crescimento e da esporulação de *S. vesicarium*, utilizando a técnica do alimento envenenado (Sinclair & Dhingra 1985). A quantidade necessária de cada produto químico foi incorporada assepticamente em 100 ml de PDA em frascos de 250 ml. O meio foi agitado cuidadosamente para obter uma dispersão uniforme do produto químico e, em seguida, 20 ml de meio foram vertidos assepticamente em cada placa com quatro repetições. Após a solidificação, as placas foram inoculadas com discos miceliais de 4 mm de diâmetro de uma cultura com dez dias de idade. O disco de micélio, que foi colocado no centro das placas numa posição invertida para fazer um contacto direto com o meio envenenado, foi incubado a 25 ± 1^0 C durante oito a 10 dias. Simultaneamente, foi também mantido um controlo adequado, cultivando o fungo em PDA sem produtos químicos. A observação do crescimento linear foi registada quando se observou o crescimento total do fungo na placa de controlo.

A percentagem de inibição do crescimento do fungo em cada tratamento foi calculada utilizando a seguinte fórmula descrita por Vincent (1947).

$$I = \frac{C - T}{C} \times 100$$

onde,

I = Percentagem de inibição

C = Diâmetro da colónia no controlo (mm)

T = Diâmetro das colónias no respetivo tratamento (mm)

Os dados foram analisados estatisticamente.

3.9 AVALIAÇÃO DE FUNGICIDAS CONTRA O MÍLDIO DO ESTRAMÓNIO EM CONDIÇÕES DE CAMPO

Os ensaios de campo foram realizados na Vegetable Research Station e na College Research farm, Department of Plant Pathology, Junagadh Agricultural University, Junagadh, utilizando a variedade suscetível GG-4 durante o *rabi* de 2012-13 e 2013-14, respetivamente. Oito tratamentos de fungicidas (seis sistémicos e dois não sistémicos) com um controlo foram dispostos num desenho de blocos aleatórios (RBD) com uma área de parcela de 3,0 m x 1,5 m. Cada tratamento foi replicado três vezes. Os dentes de alho foram semeados em (05-11-12 e 06-1113) em cada parcela, mantendo uma distância de 15 cm entre as linhas e 10 cm entre as plantas. Os fungicidas foram pulverizados três vezes, começando a 1ˢᵗ pulverização no início dos sintomas (30DAS) e depois duas pulverizações com 15 dias de intervalo.

1. Intensidade da doença: A intensidade da doença foi registada aos 45 e 80 DAS em dez plantas seleccionadas ao acaso. A intensidade da doença foi calculada utilizando a fórmula mencionada no ponto 3.4.

2. Rendimento/ha: O rendimento foi registado após a colheita da cultura. Os dados foram analisados usando ANOVA. O aumento do rendimento na parcela tratada foi determinado subtraindo o rendimento da parcela de controlo ao da parcela tratada. A percentagem de perda de rendimento foi calculada utilizando a seguinte fórmula.

$$\text{Yield loss (\%)} = \frac{T - C}{C} \times 100$$

onde,

T = rendimento (kg/ha) na parcela tratada

C = rendimento (kg/ha) na parcela de controlo

Os pormenores dos tratamentos aplicados são apresentados no quadro 3.9.1.

Quadro 3.9.1 Lista de fungicidas testados em condições de campo

Sl. Não.	Tratamentos	Concentração (%) (a.i)	Quantidade de produto comercial necessária para fazer um litro de suspensão por pulverização
1.	Tebuconazol 25,9 CE (Folicur)	0.0375	1,5 ml
2.	Mancozebe 75 WP (Dithane M-45)	0.20	2,66 gm
3.	Piraclostrobina 13.3 WP (cabeçalho)	0.025	1,87 gm
4.	Hexaconazol 5 CE (Contaf)	0.005	1,0 ml
5.	Difenoconazol 25 CE (Pontuação)	0.025	1,0 ml
6.	Propiconazol 25 CE (Tilt)	0.025	1,0 ml
7.	Oxicloreto de cobre 50 WP (cobre azul)	0.20	4,0 gm
8.	Metiram 55 + piraclostrobina 5 WG (Cabrio Top)	0.06	1,0 gm
9.	Controlo	Nulo	Nulo

3.10 LEVANTAMENTO DAS ZONAS DE CULTIVO DE ALHO E AVALIAÇÃO DA INTENSIDADE DA DOENÇA DEVIDO AO MÍLDIO DO ESTRAMÓNIO

Foi efectuado um inquérito itinerante em dez aldeias dos distritos de Junagadh para avaliar a intensidade da doença de Stemphylium blight. A intensidade da doença foi avaliada com base na percentagem de folhas danificadas pelo fungo 70 a 75 dias após a sementeira da cultura, seleccionando aleatoriamente 50 plantas de cada campo. A intensidade da doença foi calculada como referido no ponto 3.4.

CAPÍTULO - 4
RESULTADOS E DISCUSSÃO

Sabe-se que o alho *(Allium sativum* L.) é afetado por diferentes doenças. Entre elas, a praga de Stemphylium é observada de forma grave desde a última década nas principais bolsas de áreas de cultivo de alho de Gujarat. Esta doença é causada por *Stemphylium vesicarium* (Wallr.) E. Simmons, que inflige grandes danos à cultura em termos de perda de rendimento do cravinho e de peso dos bolbos na cultura de sementes e na cultura de bolbos, respetivamente. Atualmente, tornou-se um problema grave na região de Saurashtra, em Gujarat, pelo que é considerado uma ameaça para o êxito e a rentabilidade da cultura nesta região. Tendo em conta a gravidade do problema causado por esta doença, a presente investigação foi realizada para obter informações sobre os diferentes aspectos do agente patogénico causador e da gestão da doença.

RECOLHA, ISOLAMENTO E PURIFICAÇÃO DO AGENTE PATOGÉNICO

A fim de confirmar o organismo causal do míldio, as amostras doentes foram colhidas nos campos, que foram infectados naturalmente. O isolamento foi efectuado conforme descrito em "Materiais e métodos". Os isolados de *S. vesicarium* obtidos por isolamento de tecidos das plantas infectadas de alho foram purificados pelo método da ponta de hifa e, em seguida, por isolamento de esporos individuais. Após a purificação do fungo, as suas características morfológicas e culturais foram estudadas para efeitos de identificação. O fungo isolado cresceu sob a forma de colónias, que eram efusivas, castanhas oliváceas a pretas, algo aveludadas em PDA. A cultura purificada foi mantida armazenada a 10 °C sob refrigeração e transferida periodicamente para meios frescos.

4.1 MORFOLOGIA E IDENTIFICAÇÃO DO AGENTE PATOGÉNICO

Os caracteres morfológicos constituem a base primária para a identificação do fungo. O presente fungo cresceu bem em PDA, produziu esporos assexuados em abundância e cobriu totalmente a área de uma placa de Petri de 90 mm em 10 dias, quando incubado a $25^0 \pm 1^0$ C. Os caracteres morfológicos, ou seja, micélio, conidióforos e conídios e padrões de crescimento, etc., foram observados através da preparação de lâminas das respectivas amostras, que foram coradas com azul de algodão. O fungo iniciou o seu crescimento em PDA como micélio preto e fofo e cobriu toda a superfície da placa em dez dias.

O crescimento inicial do fungo era ligeiramente esverdeado, que mais tarde se tornou castanho oliváceo a preto e finalmente aveludado, com margem lisa (placa 1A). Isto estava em conformidade com Polat *et al.* (2012), que relatou características quase semelhantes das colónias de *S. vesicarium.* Produziu pigmentos que se iniciaram no centro da cultura como um amarelo ténue, que se difundiu para além das margens do crescimento fúngico e a cor escureceu, acabando por se tornar rosa amarelado. Os pigmentos solúveis em água foram encontrados predominantemente na cultura.

4.1.1 Micélio

O micélio do fungo era ramificado, elevado, oliváceo, de cor verde-escura a preta com pigmentação amarela ténue no centro do meio com massa septada de hifas (placa 1B). As hifas individuais mediam de 2,7 a 3,6 µm de largura.

4.1.2 Conidióforo

Os conidióforos eram retos ou curvados, simples ou ocasionalmente ramificados, cilíndricos, mas alargando-se apicalmente até o local do conídio, marrom-amarelo diluído a marrom-dourado no ápice inchado, liso e 1-4 septado (Placa 1C). Mediam 32,4 a 92,5 µm de comprimento e 3,5 a 4,8 µm de largura, e a dilatação apical media 7,2- 40,8 X 5,3-7,1 µm.

4.1.3 Conídios

Os conídios eram muriformes de cor castanho-claro ou castanho-dourado a castanho-azeitona, equinulados, oblongos ou amplamente ovais com 1-5 septos transversais e 1-2 séries completas de septos longitudinais (placa 1C). Mediam 33,7 pm de comprimento e 17,4 pm de largura e estavam dentro da gama indicada por Simmons (1969) para *S. vesicarium;* 25-48 x 1222 mm, 1-3 constrições transversais, 1-3 (e até 4) séries completas de septos longitudinais e um número variável de septos transversais. A fase perfeita produziu abundantemente e amadureceu no prazo de seis meses após a temperatura do frigorífico (10⁰ C). Os peritécios eram ovais a globosos, pretos, com células de paredes espessas (placa 1D). Uma descrição semelhante foi efectuada por Simmons (1969). Com base nos caracteres morfológicos acima observados, o presente fungo foi identificado como *S. vesicarium* (Wallr.) E. Simmons.

4.2 SINTOMAS DA DOENÇA

As plantas de alho eram susceptíveis ao míldio a partir dos 30 a 35 dias de crescimento, mas este era mais proeminente a partir dos 50 dias. Em condições de vaso, onde o inóculo foi aplicado pelo método de inoculação por pulverização, os sintomas de míldio foram observados a partir dos 35 dias até à fase de maturação do alho. As plantas infectadas apresentaram inicialmente sintomas característicos de necrose das pontas com manchas brancas que aumentaram e produziram lesões púrpuras afundadas, rodeadas por um bordo amarelo a castanho pálido. Mais tarde, pequenas lesões irregulares a ovais, amarelas a castanhas, embebidas em água e não delineadas, desenvolveram-se nas folhas mais velhas (placa 2). Estas lesões mediam entre 1 cm de comprimento e a folha inteira, que se estendia ao longo da lâmina em ambas as direcções a partir da lesão. As lesões tornavam-se geralmente castanhas claras a bronzeadas no centro e, mais tarde, castanho-azeitona escuro a preto, à medida que o agente patogénico esporulava. Por fim, estas lesões transformaram-se em manchas alongadas que frequentemente coalesciam, resultando no míldio das folhas. Os sintomas observados durante o presente estudo foram semelhantes aos descritos anteriormente (Polat *et al.* 2012; Zheng *et al.* 2009a). A infeção geralmente permaneceu restrita às folhas e não se estendeu à escala do bolbo. Em condições favoráveis, o agente patogénico esporulado invadiu normalmente tecidos vegetais mortos e moribundos, como as pontas das folhas.

4.3 PATOGENICIDADE DE *S. VESICARIUM* NO ALHO

A inoculação por pulverização tem sido a abordagem habitual para testar o comportamento patogénico do organismo transportado pelo ar que ataca a região foliar. A patogenicidade de *S. vesicarium* foi testada através da pulverização da suspensão de esporos (5×10^3 cfu/ml) nas folhas de alho após 25 dias de plantação, de acordo com o método descrito em "Materiais e Métodos".

Quando as plantas de alho susceptíveis (GG-4) foram inoculadas, desenvolveram sintomas semelhantes aos das plantas de alho infectadas naturalmente. Os sintomas da doença apareceram após 4-5 dias de incubação como descoloração nas folhas, que se tornaram castanho-azeitona escuro a preto e ficaram deprimidas aos 7-10 dias. Mais tarde, o murchamento das folhas foi bastante distinto em todas as plantas inoculadas (placa 3). Cerca de 80% das folhas inoculadas foram infectadas e mostraram sintomas típicos do míldio de Stemphylium, enquanto as plantas de controlo (sem inoculação) permaneceram saudáveis.

Os sintomas da doença observados durante o presente estudo foram semelhantes aos descritos anteriormente (Boiteux *et al.* 1994; Basallote *et al.* 1999; Zheng *et al.* 2009a), que estudaram a patogenicidade, observando sintomas semelhantes de míldio no alho.

O fungo foi re-isolado das plantas de alho infectadas. O isolamento do tecido infetado deu origem ao crescimento micelial do tipo de fungo original em placas de PDA, confirmando a patogenicidade de *S. vesicarium.*

4.4 EFEITO DA DATA DE SEMENTEIRA NA SEVERIDADE DO MÍLDIO FOLIAR CAUSADO POR *S. VESICARIUM*

Foram realizadas experiências de campo durante o *rabi* de 2012-13 e 2013-14 para estudar o efeito de diferentes datas de sementeira na severidade do míldio foliar do alho (GG-4) causado por *S. vesicarium*. As observações sobre a intensidade do míldio foram registadas aos 45, 60, 75 e 90 dias após a sementeira (DAS).

Os resultados apresentados nos quadros 4.4.1 e 4.4.2 revelam que a gravidade da doença foi mais elevada em 2013-14 do que em 2012-13. As observações efectuadas em intervalos diferentes revelaram que a gravidade da doença progrediu em direção à fase de maturidade da cultura.

No ano de 2012-13, os dados sobre a severidade do míldio revelaram que a severidade média da doença do míldio foliar foi mais elevada (29,36%) quando a cultura foi semeada durante a 3rd semana de outubro. A doença máxima (40,62%) foi desenvolvida aos 90 DAS (Placa 4; Tabela 4.4.1). Mas, quando a cultura foi semeada durante as semanas 1st e 3rd de novembro, a severidade média da doença foi de 25,79 e 26,95% e a severidade da doença aos 90 DAS foi de 38,32 e 39,81%, respetivamente. Isto indica que não houve diferença significativa na intensidade do míldio entre estas duas datas de sementeira. A menor gravidade da doença (34,42%) registada aos 90 DAS na cultura semeada na 1st semana de dezembro, com uma gravidade média da doença de 20,95%. Por conseguinte, os dados sobre a gravidade da doença obtidos em diferentes intervalos indicaram que o atraso da sementeira até à 1st semana de dezembro reduziu a gravidade da praga e esta foi a gravidade mais baixa da doença entre todas as diferentes datas de sementeira. No entanto, o atraso da sementeira até à 1st semana de dezembro pode reduzir a germinação dos dentes de alho, o que pode afetar negativamente o rendimento. Por outro lado, a cultura semeada durante as semanas 1st e 3rd de novembro teve a menor intensidade de doença em comparação com a cultura semeada na semana 3rd de outubro.

Sugha e Suman (2005) também registaram resultados semelhantes sobre o míldio de *S. vesicarium* no alho, em que o alho semeado cedo apresentou maior infeção do que o alho semeado tarde.

Quadro 4.4.1. Diferentes datas de sementeira na severidade do míldio foliar do alho durante 2012-13

Datas de sementeira	Data de observação				Média
	45 DAS	60 DAS	75 DAS	90 DAS	
3rd semana de outubro	19.68* (11.34)	24.31 (16.94)	32.85 (29.42)	40.62 (42.38)	29.36 (24.04)
1st semana de novembro	15.81 (7.42)	19.73 (11.40)	29.29 (23.93)	38.32 (38.44)	25.79 (18.92)
3rd semana de novembro	16.37 (7.94)	20.66 (12.45)	30.95 (26.44)	39.81 (40.99)	26.95 (20.54)
1st semana de dezembro	8.98 (2.44)	15.81 (7.42)	24.57 (17.29)	34.42 (31.96)	20.95 (12.78)
S.Em.±	1.04	1.09	1.63	1.37	0.65
C.D. a 5%	3.33	3.48	5.20	4.37	1.87
C.V. %	13.68	10.83	11.06	7.14	10.11
Y S.Em.±					0.65
C.D. a 5%					1.87
YxT S.Em.±					1.30

C.D. a 5%					NS

Os números entre parênteses são valores retransformados * Transformação do arco-seno

Da mesma forma, durante o ano 2013-14, a maior severidade de 50,78% aos 90DAS também foi registada na cultura semeada na 3rd semana de outubro (Tabela 4.4.2).

No entanto, na cultura semeada nas semanas 1st e 3rd de novembro, a severidade média da doença foi de 33,41 e 32,14%, respetivamente, enquanto a severidade da doença aos 90 DAS nesta cultura foi de 46,15 e 47,02%, respetivamente. Além disso, ambas as datas de sementeira foram significativamente semelhantes entre si. Mas na cultura semeada durante a 1st semana de dezembro, a severidade média da doença foi a menor (27,32%) entre as diferentes datas de sementeira e teve menos população de plantas, devido à fraca germinação dos dentes de alho. A cultura semeada durante as semanas 1st e 3rd de novembro teve a menor intensidade de doença em comparação com a cultura semeada na semana 3rd de outubro.

A média combinada de ambos os anos, 2012-13 e 2013-14, indicou que a intensidade do míldio da folha de Stemphylium foi maior quando a cultura foi semeada durante a 3rd semana de outubro, enquanto que foi menor quando a cultura foi semeada durante a 1st semana de dezembro. Este facto está em conformidade com os resultados anteriores (Maheshwari *et al.* 2000; Barnwal & Prasad 2005).

Quadro 4.4.2. Diferentes datas de sementeira na severidade do míldio foliar do alho em 2013-14

Datas de sementeira	Data de observação				Média
	45 DAS	60 DAS	75 DAS	90 DAS	
3rd semana de outubro	24.71* (17.47)	34.08 (31.40)	41.24 (43.46)	50.78 (60.03)	37.70 (37.40)
1st semana de novembro	20.24 (11.96)	28.95 (23.44)	38.32 (38.44)	46.15 (52.01)	33.41 (30.33)
3rd semana de novembro	19.68 (11.34)	26.86 (20.42)	35.02 (32.94)	47.02 (53.52)	32.14 (28.31)
1st semana de dezembro	16.37 (7.94)	23.83 (16.32)	33.47 (30.41)	35.61 (33.91)	27.32 (21.06)
S.Em.±	0.98	1.66	1.68	1.87	0.79
C.D. a 5%	3.12	5.30	5.36	5.99	2.27
C.V. %	9.64	11.66	9.05	8.34	9.69
Y S.Em.±					0.79

	C.D. a 5%					2.27
YxT S.Em.±						1.58
	C.D. a 5%					NS

Os números entre parênteses são valores retransformados * Transformação do arco-seno

4.5 PARÂMETROS EPIDEMIOLÓGICOS SOBRE O DESENVOLVIMENTO DO MÍLDIO FOLIAR CAUSADO POR *S. VESICARIUM*

O estudo epidemiológico indicou que o progresso do míldio foliar do alho por Stemphylium foi afetado pela variação das variáveis meteorológicas, bem como pelas suas interacções. Os resultados apresentados no quadro 4.5.1 revelaram que a gravidade da doença foi mais elevada em 2013-14 do que em 2012-13.

Os dados dos estudos de campo efectuados em 2012-13 revelaram que o míldio de Stemphylium apareceu durante a 5th semana após a sementeira da cultura do alho. Os dados mostraram um aumento progressivo e uma intensidade máxima de doença por cento (PDI) do míldio de Stemphylium na 17th (39,3%) semana após a sementeira (Quadro 4.5.1 & Fig. 4.1). A temperatura média variou de 18,7 a 26,25°C, a humidade relativa variou de 44 a 76% e a velocidade média do vento variou de 3,6 a 6,6 km/h durante as 5th a 17th semanas após a sementeira (Anexo I). A taxa de infeção da doença (r) foi mais baixa na fase inicial, mas aumentou progressivamente em condições climatéricas favoráveis.

Quadro 4.5.1. Intensidade da praga de Stemphylium no alho durante 2012-13 e 2013-14 em intervalos semanais

Data de observação	Semana após a sementeira	Semana normal	Intensidade média da doença	
			2012-13	2013-14
6th novembro	1	45	0	0
13th novembro	2	46	0	0
20th novembro	3	47	0	0
27th novembro	4	48	0	0
4th dezembro	5	49	2.7	0
11th dezembro	6	50	6.7	4
18th dezembro	7	51	7.3	11.3
25th dezembro	8	52	7.3	11.3
1st janeiro	9	1	11.3	21.3
8th janeiro	10	2	12.0	22.0
15th janeiro	11	3	24.0	34.0
22nd janeiro	12	4	24.0	40.0

29th janeiro	13	5	35.3	42.7
5th fevereiro	14	6	36.7	46.7
12th fevereiro	15	7	38.0	47.3
19th fevereiro	16	8	38.7	50.0
26th fevereiro	17	9	39.3	52.0
5th março	18	10	39.3	54.0

Os dados dos estudos de campo no ano 2013-14 revelaram que a doença do míldio de Stemphylium apareceu durante a 6th semana após a sementeira da cultura do alho. Os dados revelaram um aumento progressivo e a máxima percentagem de intensidade da doença (PDI) do míldio de Stemphylium na 18th (54,0%) semana após a sementeira (Quadro 4.5.1 & Fig. 4.2). A temperatura média durante as 6th a 18th semanas variou de 26,6 a 34,65°C, a humidade relativa variou de 48 a 82% e a velocidade média do vento variou de 2,7 a 7,8 km/h (Anexo II).

Os resultados apresentados no Quadro 4.5.2 revelaram a gravidade da doença com a correlação entre os parâmetros climáticos durante 2012-13 e 2013-14.

Tabela 4.5.2. Correlação entre os parâmetros climáticos e a praga de Stemphylium no alho durante 2012-13 e 2013-14

Particularidades	Ferrugem do Stemphylium	
	2012-13	2013-14
Temperatura (° C)		
Máximo	0.227	-0.044
Mínimo	0.161	-0.125
Média	0.211	-0.091
Humidade relativa (%)		
Manhã	-0.339	0.149
Noite	-0.533*	0.236
Média	-0.419	0.033
Velocidade do vento (km/h)	0.644**	0.605**

* Significativo ao nível de 5% (r = 0,468)   n=16

** Significativo ao nível de 1% (r = 0,590)

Durante o ano 2012-13, a humidade relativa nocturna mostrou efeitos significativos negativos no desenvolvimento do míldio de Stemphylium, enquanto as temperaturas máxima e mínima não tiveram correlação significativa com o desenvolvimento do míldio (Quadro 4.2). Mas no ano 2013-14, as temperaturas máxima e mínima mostraram efeitos negativos no desenvolvimento do míldio, enquanto a humidade relativa matinal e vespertina não tiveram uma correlação significativa com o desenvolvimento da doença. Mas durante ambos os anos, a velocidade do vento mostrou uma correlação altamente significativa com o desenvolvimento do míldio de Stemphylium. Este facto está em conformidade com os resultados anteriores sobre *S. vesicarium* em pereira (Rossi *et al.* 2005).

O desenvolvimento do míldio de Stemphylium (2012-13) em relação aos parâmetros meteorológicos apresentados na Tabela 4.5.3 indicou que o coeficiente de determinantes múltiplos (R^2) foi de 0,7527; indicando 75,27% da variação no desenvolvimento do míldio de Stemphylium. O coeficiente da velocidade do vento (11,7990) foi positivo e altamente significativo a um nível de significância de 1%. Isto indicou que a velocidade elevada do vento estimulou o desenvolvimento do míldio de Stemphylium. Da mesma forma, o coeficiente da humidade matinal (1,3351) foi positivo e significativo a um nível de significância de 5%. Isto indica que o aumento da humidade matinal em 1% aumentou o desenvolvimento do míldio em 1,3351%. Por conseguinte, a velocidade do vento (X5) e a humidade matinal (X3) tiveram efeitos positivos e significativos no desenvolvimento do míldio. Outras variáveis como a temperatura máxima (X1), a temperatura mínima (X2) e a humidade nocturna (X4) não tiveram um impacto significativo no desenvolvimento do míldio foliar na variedade de alho GG-4.

Tabela 4.5.3. Equações de regressão estimadas para o desenvolvimento do míldio de Stemphylium em relação aos parâmetros climáticos na variedade de alho GG-4 (2012-13)

Particularidades	Coeficiente	Erro Std.	valor "t
Constante	-146.3292	89.8469	-1.629
Temperatura máxima (X1)	2.1058	2.6748	0.787
Temperatura mínima (X2)	0.7256	2.2022	0.329
Humidade matinal (X3)	1.3351**	0.5360	2.491
Humidade nocturna (X4)	-2.1395	1.3244	-1.615
Velocidade do vento (X5)	11.7990***	3.7911	3.112
R Quadrado	0.7527		
Quadrado R ajustado	0.6497		

*** Significativo a 1%; ** Significativo a 5%

Durante o ano de 2013-14, o coeficiente de determinantes múltiplos (R^2) foi de 0,4537, indicando 45,37% da variação no desenvolvimento do míldio de Stemphylium explicada pelo conjunto de variáveis do estudo (Tabela 4. 5.4). A velocidade do vento (X5) teve um efeito significativo e positivo no desenvolvimento do míldio. A temperatura máxima (X1) teve um efeito positivo e significativo (9,7295) no desenvolvimento do míldio. Isto indica que o aumento da temperatura em 1^0 C aumentou o desenvolvimento do míldio de Stemphylium em 9,7295%. O coeficiente da velocidade do vento (16,3088) também foi positivo e significativo a um nível de significância de 5%. Isto indica que uma maior velocidade do vento estimula o desenvolvimento do míldio. Outras variáveis como a temperatura mínima (X2), a humidade matinal (X3) e a humidade nocturna (X4) não tiveram um impacto significativo no desenvolvimento do míldio do alho. Foram registados resultados semelhantes na cebola relativamente ao míldio de *S. vesicarium* (Gupta & Gupta 2014)

Tabela 4.5.4. Equações de regressão estimadas para o desenvolvimento do míldio de Stemphylium em relação aos parâmetros climáticos na variedade de alho GG-4 (2013-14)

Particularidades	Coeficiente	Erro Std.	valor "t
Constante	-320.5599**	133.6456	-2.399
Temperatura máxima (X1)	9.7295*	5.14626	1.891
Temperatura mínima (X2)	-6.3819	3.8918	-1.640
Humidade matinal (X3)	0.8733	0.7406	1.179
Humidade nocturna (X4)	0.1369	1.4389	0.095
Velocidade do vento (X5)	16.3088**	6.2734	2.600
R Quadrado	0.4537		
Quadrado R ajustado	0.2261		

** Significativo a 5%; * Significativo a 10%

4.6 RASTREIO DE GERMOPLASMA DE ALHO PARA RESISTÊNCIA AO MÍLDIO DO ESTRAMÓNIO

Cravos-da-índia de 14 linhas/entidades, incluindo algumas variedades comerciais, foram adquiridos na Vegetable Research Station, Junagadh Agricultural University, Junagadh, e foram seleccionados com cultivares de controlo susceptíveis contra a doença do míldio de Stemphylium em condições naturais em *rabi* 2012-13 e 2013-14.

As observações sobre a intensidade do míldio foliar foram registadas aos 45, 60, 75 e 90 DAS. Durante 2012-13 e 2013-14, a intensidade do míldio foi muito baixa aos 45 DAS (0,0 a 9,0%) na maioria das entradas. As observações efectuadas em vários intervalos indicaram que a doença progrediu em direção à fase de maturidade da cultura (Quadro 4.6.1a & b).

Quadro 4.6.1a. Rastreio de germoplasma de alho para resistência contra o míldio de Stemphylium durante 2012-13

Sl. Não	Genótipo/Variedades	Intensidade da doença (%)			
		45 DAS	60 DAS	75 DAS	90DAS
1	JG-11-04	1.5	12.0	27.5	36.0
2	JG-11-07	5.5	20.0	33.5	46.0
3	JG-11-08	4.0	15.0	28.0	40.5

4	JG-11-10	2.5	18.0	22.0	38.0
5	JG-11-11	6.0	21.5	36.5	44.5
6	JG-11-12	3.5	12.5	32.5	41.0
7	JG-11-14	6.5	16.5	30.5	42.0
8	DG-08-11	1.5	6.5	16.0	28.5
9	DG-08-17	0.0	2.5	12.0	18.5
10	DG-08-21	3.5	8.5	16.0	26.5
11	DG-08-30	0.0	4.0	20.0	28.0
12	DG-08-04	2.0	12.0	18.0	30.0
13	G-282	4.0	11.5	21.5	36.0
14	GG-4	8.5	27.0	36.0	42.5

Durante 2012-13, a intensidade do míldio neste ensaio aos 90 DAS variou de 18,5 a 46,0%, enquanto em 2013-14 foi de 22,0 a 52,0% (Tabelas 4.6.1a & b). A intensidade média da doença nos dois anos variou de 19,25 a 46,25 % e a reação da doença na maioria das entradas foi quase semelhante em ambos os anos (Quadro 4.6.1c).

Das catorze linhas/entradas testadas, a DG-08-17 foi moderadamente resistente, com uma intensidade de doença de 19,25%, e a DG-08-21 foi moderadamente suscetível, com uma intensidade de doença de 29,50% (placa 5). Enquanto as restantes doze entradas viz., JG-11- 04, JG-11-07, JG-11-08, JG-11-10, JG-11-11, JG-11-12, JG-11-14, DG-08-11, DG-08-30, DG-11-04, G-282, e GG-4 foram susceptíveis com uma intensidade média de doença de 32-46%. As variedades recomendadas, ou seja, GG-4 e G-282, foram susceptíveis a *S. vesicarium*. Os resultados também revelaram que nenhum dos germoplasmas/variedades de alho testados era imune ou resistente ao agente patogénico. Foram comunicados resultados semelhantes sobre a suscetibilidade do míldio de Stemphylium na maioria das entradas de alho analisadas (Bisht & Thomas 1992; Srivastava *et al.* 2005).

Quadro 4.6.1b. Rastreio de germoplasma de alho para resistência contra o míldio de Stemphylium durante 2013-14

Sl. Não	Genótipo/Variedades	Intensidade da doença (%)			
		45 DAS	60 DAS	75 DAS	90DAS
1	JG-11-04	4.5	20.5	37.5	46.0
2	JG-11-07	3.5	15.5	21.5	38.5
3	JG-11-08	9.0	21.5	38.5	52.0
4	JG-11-10	2.5	11.0	19.0	32.5
5	JG-11-11	3.5	12.0	21.0	36.5
6	JG-11-12	4.0	18.0	35.0	44.0

7	JG-11-14	5.0	25.0	37.0	48.0
8	DG-08-11	6.0	18.0	32.5	41.0
9	DG-08-17	1.5	6.5	12.0	20.0
10	DG-08-21	0.0	5.5	16.5	32.5
11	DG-08-30	3.5	8.5	26.0	36.5
12	DG-08-04	3.0	10.0	25.5	37.0
13	G-282	3.5	22.0	31.5	40.0
14	GG-4	7.5	25.0	32.0	46.0

Tabela 4.6.1c. Desempenho do germoplasma de alho contra o míldio de Stemphylium durante 2012-13 e 2013-14

Sl. Não	Genótipos/Variedades	Intensidade da doença (%) aos 90 DAS		Intensidade média da doença (%)	Reação à doença
		2012-13	2013-14		
1	JG-11-04	36.0	46.0	41.00	S
2	JG-11-07	46.0	38.5	42.25	S
3	JG-11-08	40.5	52.0	46.25	S
4	JG-11-10	38.0	32.5	35.25	S
5	JG-11-11	44.5	36.5	40.50	S
6	JG-11-12	41.0	44.0	42.50	S
7	JG-11-14	42.0	48.0	45.00	S
8	DG-08-11	28.5	41.0	34.75	S
9	DG-08-17	18.5	20.0	19.25	RM
10	DG-08-21	26.5	32.5	29.50	EM
11	DG-08-30	28.0	36.5	32.25	S
12	DG-08-04	30.0	37.0	33.50	S
13	G-282	36.0	40.0	38.00	S
14	GG-4	42.5	46.0	44.25	S

Imune (I) = Sem doença, Resistente (R) = 1-10%, Moderadamente Resistente (MR) = 11-20%, Moderadamente Suscetível (MS) = 21-30%, Suscetível (S) = 31-50%, Altamente Suscetível (HS) = 51-100%.

4.7 EFEITO DA IDADE/ESTÁGIO DA PLANTA NA INTENSIDADE DA DOENÇA CAUSADA POR *S. VESICARIUM*

Foi realizada uma experiência em vasos para conhecer a fase mais suscetível da planta de alho para o desenvolvimento da doença do míldio foliar. Neste estudo, as plantas de diferentes idades, a saber,

30, 40, 50, 60 e 70 dias, foram inoculadas pelo método de inoculação por pulverização. As observações sobre a percentagem de intensidade da doença foram registadas aos 10 e 20 dias após a inoculação (DAI).

O míldio registado nas diferentes fases da planta de alho aos 10 DAI indicou que a diferença foi significativa entre as plântulas de 30 dias e os restantes grupos etários, ou seja, plântulas de 50, 60 e 70 dias, no desenvolvimento do míldio foliar em condições de vaso (Quadro 4.7.1). As plântulas com 30 dias de idade tiveram uma intensidade mínima de doença de 19,31 e 26,15% aos 10 DAI e 20 DAI, respetivamente. A intensidade máxima da doença foi registada em plântulas com 50 dias de idade aos 10 e 20 DAI, com 29,30 e 45,57% respetivamente. Os dados também revelaram que, à medida que o período de incubação do *Stemphylium aumentava* de 10 a 20 dias, o míldio também aumentava, independentemente do estágio/idade da planta.

Quadro 4.7.1. Efeito da idade/estágio da planta no desenvolvimento do míldio do Stemphylium

Diferentes idades da planta (DAS)	*Intensidade da doença (%)	
	10 DAI	**20 DAI**
30	19.31** (11.00)	26.51 (20.00)
40	21.92 (14.00)	29.30 (24.00)
50	29.30 (24.00)	45.57 (51.00)
60	25.07 (18.00)	33.15 (30.00)
70	24.24 (17.00)	41.55 (44.00)
S.Em.±	1.09	1.20
C.D. a 5 %	3.31	3.24
C.V. %	9.17	6.87

DAS = Dias após a sementeira, *Média de quatro repetições, ** Transformação Arcsine DAI= Dias após a inoculação, Os números entre parênteses são valores retransformados.

O efeito da idade da planta no desenvolvimento da doença do míldio foliar aos 30 dias de idade das plântulas foi mínimo, enquanto o estádio de 50 dias de idade das plântulas foi mais suscetível, registando a intensidade máxima da doença (placa 6). Houve uma diferença significativa no desenvolvimento da doença entre 50 DAS e 60-70 DAS, embora tenha sido igual aos 60 e 70 DAS.

Por conseguinte, os resultados revelaram que as plantas com idades compreendidas entre os 50 e os 70 DAS eram mais susceptíveis ao míldio de Stemphylium do que as plântulas com 30 e 40 dias. Miller (1983) também registou resultados semelhantes sobre os danos foliares causados por *A. porri* na cebola, que foram significativamente menores nas folhas mais jovens. Do mesmo modo, Pramod Kumar (2007) também observou uma maior severidade da doença de *S. botryosum* em plantas de lentilhas quando a inoculação foi efectuada aos 42 ou 56 DAP.

4.8 AVALIAÇÃO DE FUNGICIDAS CONTRA *S. VESICARIUM* EM CONDIÇÕES *IN VITRO*

Foram testados oito fungicidas utilizando a técnica de alimentos envenenados para determinar a sua eficácia relativa no crescimento de *S. vesicarium*. As observações sobre a percentagem de inibição do crescimento linear são apresentadas no Quadro 4.8.1 e representadas na Placa 7.

Tabela 4.8.1. Inibição do crescimento de *S. vesicarium* por vários fungicidas em condições *in vitro*

Tratamentos	Concentração (%)	Quantidade (ml/g) necessária para preparar 100 ml de solução de PDA	Percentagem de inibição*
Propiconazol	0.025	0.10	100
Tebuconazol	0.0375	0.15	91.46
Difenoconazol	0.025	0.10	89.97
Metirame + piraclostrobina	0.06	0.10	85.19
Piraclostrobina	0.025	0.18	81.06
Hexaconazol	0.005	0.10	77.52
Mancozebe	0.20	0.26	76.47
Oxicloreto de cobre	0.20	0.4	62.06
Controlo	-	-	-
S.Em±			0.85
C.D. a 5%			2.49
C.V.%			2.05

* Média de quatro repetições

Todos os fungicidas foram capazes de inibir o crescimento de *S. vesicarium* na concentração recomendada, em comparação com o controlo. Os dados também revelaram que todos os fungicidas foram altamente eficazes e proporcionaram mais de 62% de inibição do crescimento do fungo testado à concentração recomendada. Dos oito fungicidas, o propiconazol inibiu totalmente (100%) o crescimento de *S. vesicarium*, seguido do tebuconazol e do difenoconazol com inibições de crescimento de 91,46 e 89,97%, respetivamente. Não houve diferença significativa entre o tebuconazol e o difenoconazol na inibição do crescimento micelial de *S. vesicarium*. Metiram + piraclostrobina, piraclostrobina, hexaconazol e mancozebe também inibiram o crescimento, variando de 85-76%, enquanto o oxicloreto de cobre foi o fungicida menos eficaz em comparação com os outros fungicidas.

Esta constatação está em conformidade com o estudo anterior de Collina *et al.* (2006), que registou o melhor efeito na inibição do crescimento micelial de *S. vesicarium* devido à aplicação de tebuconazol, difenoconazol e propiconazol. Chander *et al.* (2004) também comunicaram resultados semelhantes sobre o míldio de Stemphylium da cebola, tendo os fungicidas triazóis apresentado o nível mais elevado de inibição do agente patogénico (Chander *et al.* 2004).

4.9 AVALIAÇÃO DE FUNGICIDAS CONTRA O MÍLDIO DO ESTRAMÓNIO EM CONDIÇÕES DE CAMPO

Tendo em conta a boa resposta dos fungicidas contra *S. vesicarium* em condições *in vitro*, foram realizadas experiências de campo durante o *rabi* de 2012-13 e 2013-14 para avaliar o efeito de vários fungicidas contra o míldio do alho (placa 8.1).

A intensidade do míldio foliar foi registada antes da 2nd pulverização (45 DAS) e depois da 3rd pulverização (80 DAS) durante os dois anos de estudo. É evidente, a partir dos dados obtidos aos 45 DAS, que todos os fungicidas foram significativamente eficazes no controlo da intensidade do míldio em relação ao controlo, exceto a piraclostrobina e o metiram + piraclostrobina, que apresentaram a menor eficácia contra a doença (Quadro 4.9.1). O míldio foliar mínimo (9,83%) com o máximo controlo da doença foi registado na aplicação foliar de propiconazole @ 0,05% (Placa 8.2) seguido de perto por mancozeb @ 0,2% com 68,44% de controlo da doença em relação ao controlo. Enquanto o tebuconazol, o oxicloreto de cobre, o difenoconazol e o hexaconazol registaram 50,17, 38,77, 39,57 e 29,05% de controlo da doença, respetivamente, em relação ao controlo.

A intensidade da doença registada aos 80 DAS durante ambos os anos é apresentada no Quadro 4.9.2. É evidente a partir dos dados que todos os fungicidas foram significativamente superiores na redução da intensidade do míldio, exceto a piraclostrobina e o metiram + piraclostrobina (Fig.4.3). Por outro lado, Alberoni *et al.* (2010) registaram a sensibilidade de *S. vesicarium* aos fungicidas estrobilurina; trifloxistrobina e piraclostrobina. A intensidade média da doença em dois anos de estudo, aos 80 DAS, indicou que a intensidade mínima do míldio foliar de 22,0% e o controlo máximo da doença (57,05%) foram registados na aplicação foliar de propiconazol (0,05%) seguido de mancozebe (0,2%) com 50,99% de controlo da doença em relação ao controlo. No entanto, o tebuconazol, o oxicloreto de cobre, o difenoconazol e o hexaconazol apresentaram 42,24, 35,39, 36,06 e 27,89% de controlo da doença, respetivamente, em relação ao controlo. O propiconazol demonstrou ser eficaz contra *S. vesicarium* em espargos (Hausbeck & Bousds, 2005), lentilhas (Huq & Khan, 2007a) e cebola (Vyas, 2000; Gupta & Gupta, 2014), ao passo que a eficácia do mancozebe foi registada em cebola (Srivastava *et al.* 1992; Vyas 2000) e alho (Kumar *et al.* 2011).

Os dados agrupados de dois anos sobre o rendimento de bolbos revelaram que o rendimento máximo de 4540 kg/ha foi obtido com a pulverização foliar de propiconazol, seguido de tebuconazol, mancozebe, oxicloreto de cobre, difenoconazol e hexaconazol, com 36,18, 34,64, 34,26, 31,77, 31,08 e 30,00% de aumento de rendimento em relação à testemunha (Quadro 4.9.3). No entanto, a produção de bolbos foi significativamente muito baixa nos tratamentos com piraclostrobina e metiram + piraclostrobina e foi igual à da testemunha (Fig. 4.4). Do mesmo modo, Gupta e Gupta (2014) também observaram que o propiconazol, o tebuconazol e o mancozebe eram eficazes contra *S. vesicarium*, aumentando a produção de bolbos na cebola. Foram registados resultados semelhantes no caso do mancozebe contra *S. vesicarium* em alho (Kumar *et al.* 2011).

Quadro 4.9.1. Efeito dos fungicidas no míldio do alho por Stemphylium antes da pulverização 2 nd

Tratamentos	Intensidade da doença (%) aos 45 DAS			Controlo da doença (%) em relação ao controlo
	2012-13	2013-14	Agrupado Média	
Propiconazol	9.27* (2.59)	10.40 (3.26)	9.83 (2.92)	73.97
Mancozebe	10.40 (3.26)	11.28 (3.83)	10.84 (3.54)	68.44
Tebuconazol	13.30 (5.29)	14.05 (5.89)	13.67 (5.59)	50.17
Oxicloreto de cobre	14.05 (5.89)	16.35 (7.92)	15.20 (6.87)	38.77
Difenoconazol	14.72 (6.45)	15.47 (7.11)	15.09 (6.78)	39.57
Hexaconazol	15.68 (7.3O)	17.10 (8.64)	16.39 (7.96)	29.05
Piraclosrtobina	16.35 (7.92)	18.38 (9.94)	17.36 (8.91)	20.58
Metiram + Piraclostrobina	17.63 (9.17)	19.56 (11.21)	18.59 (10.17)	9.35
Controlo	18.38 (9.94)	20.76 (12.56)	19.57 (11.22)	-
S.Em.±	1.38	1.49	1.01	
C.D. a 5%	4.12	4.47	2.92	

C.V. %	16.53	16.20	16.37	
Y S.Em.±			0.48	
C.D. a 5%			1.38	
YxT S.Em.±			1.43	
C.D. a 5%			NS	

* Transformação de arco-senoOs números   entre parênteses são valores retransformados.

DAS = Dias após a sementeira

Quadro 4.9.2. Efeito dos fungicidas no míldio do alho por Stemphylium aos 80 DAS (após 3 pulverizações[rd])

Tratamentos	Intensidade da doença (%) aos 80 DAS			Controlo da doença (%) em relação ao controlo
	2012-13	2013-14	Agrupado Média	
Propiconazol	19.56* (11.21)	24.45 (17.13)	22.00 (14.04)	57.05
Mancozebe	20.76 (12.56)	26.43 (19.81)	23.59 (16.02)	50.99
Tebuconazol	20.04 (16.59)	27.47 (21.28)	25.75 (18.88)	42.24
Oxicloreto de cobre	25.08 (17.97)	29.63 (24.44)	27.36 (21.12)	35.39
Difenoconazol	26.49 (19.90)	27.91 (21.91)	27.20 (20.90)	36.06
Hexaconazol	27.91 (21.91)	30.17 (25.26)	29.04 (23.57)	27.89
Piraclosrtobina	29.32 (23.98)	34.42 (31.26)	31.87 (27.88)	14.71
Metiram + Piraclostrobina	29.75 (24.63)	37.24 (36.62)	33.50 (30.46)	6.82
Controlo	30.14 (25.22)	39.60 (40.64)	34.87 (32.69)	-
S.Em.±	1.51	1.88	1.21	
C.D. a 5%	4.54	5.62	3.47	
C.V. %	10.12	10.55	10.41	
Y S.Em.±			0.57	
C.D. a 5%			1.64	

| YxT | S.Em.± | | | 1.70 | |
| | C.D. a 5% | | | NS | |

* Transformação do Arcsine   Os números entre parênteses são valores retransformados.

DAS = Dias após a sementeira

Quadro 4.9.3. Efeito dos fungicidas na produção de bolbos de alho

| Tratamentos | Rendimento kg/ha* | | | Aumento do rendimento em relação ao controlo (%) |
	2012-13	2013-14	Agrupado Média	
Propiconazol	5021	4059	4540	36.18
Mancozebe	4914	3899	4407	34.26
Tebuconazol	4861	4006	4433	34.64
Oxicloreto de cobre	4647	3846	4246	31.77
Difenoconazol	4722	3685	4204	31.08
Hexaconazol	4540	3739	4139	30.00
Piraclosrtobina	4220	3151	3685	21.38
Metirame + piraclostrobina	3846	2938	3392	14.59
Controlo	3258	2537	2897	-
S.Em.±	343.59	241.67	210.03	
C.D. a 5%	1030.13	724.68	605.34	
C.V. %	13.38	11.82	14.01	
Y S.Em.±			99.00	
C.D. a 5%			285.35	
YxT S.Em.±			297.02	
C.D. a 5%			NS	

* Cada valor é a média de três repetições

4.10 LEVANTAMENTO DAS ZONAS DE CULTIVO DE ALHO E AVALIAÇÃO DA INTENSIDADE DA DOENÇA DEVIDO AO MÍLDIO DO ESTRAMÓNIO

Em 2012-13 e 2013-14, foram efectuados inquéritos itinerantes em vários campos de cultivo de alho para determinar a intensidade do míldio foliar do alho. Dez plantas de cada campo foram seleccionadas aleatoriamente e a gravidade da doença foi avaliada. O inquérito realizado em vinte campos de alho de dez aldeias do distrito de Junagadh revelou que a intensidade do míldio do Stemphylium era quase semelhante em ambos os anos. A maioria dos agricultores cultivou as variedades GG-4, GG-2 e Local.

Os dados apresentados no quadro 4.10.1 revelam que a gravidade da doença variava entre 12,5 e 50,4% nos diferentes campos (quadro 9). Relativamente à intensidade da doença por aldeia, a intensidade máxima da doença registou-se na aldeia de Sarsai, variando entre 47,6 e 53,2%, seguida da aldeia de Moniya. A intensidade média mínima da doença, de 12,5 e 16,4%, foi registada nas aldeias de Bhesan e Bilkha, respetivamente. No entanto, nenhum dos campos de alho observados estava isento do míldio foliar. Diferentes trabalhadores efectuaram inquéritos semelhantes e comunicaram a ocorrência e a gravidade do míldio foliar no alho (Basallote *et al.* 1993; Sugha & Suman 2005) e na cebola (Cova & Rodriguez 2003).

Quadro 4.10.1. Intensidade do míldio do Stemphylium no alho nos campos dos agricultores

Sl. Não.	Localização	Variedades	Intensidade da doença (%)		Intensidade média da doença (%)
			2012-13	2013-14	
1	Ranpur	Local	18.8	22.0	20.4
2	Bhesan	Local	14.0	11.0	12.5
3	Chodvadi	GG-2	34.0	28.0	31.0
4	Bilkha	GG-4	14.0	18.8	16.4
5	Virpur	Local	36.0	30.0	33.0
6	Moniya	Local	40.0	49.2	44.6
7	Sarsai	GG-4	47.6	53.2	50.4
8	Moti monpari	GG-4	30.0	35.2	32.6
9	Khambha	GG-2	31.6	27.6	29.6
10	Piyava	Local	31.2	38.4	34.8

CAPÍTULO - 5
RESUMO E CONCLUSÕES

5.1 RESUMO

O alho *(Allium sativum* L.) é uma importante e valiosa cultura hortícola cultivada na Índia. Sabe-se que o alho é afetado por diferentes doenças. Entre elas, o míldio foliar causado por *Stemphylium vesicarium* (Wallr.) E. Simmons é uma importante doença destrutiva do alho na região de Saurashtra, em Gujarat.

O organismo causal, *S. vesicarium* (Wallr.) E. Simmons, foi isolado de folhas de plantas infectadas colhidas no campo. O fungo isolado cresceu sob a forma de colónias efusivas, castanhas oliváceas a pretas, algo aveludadas em PDA. Produzia pigmentos que começavam no centro da cultura como um amarelo ténue, que se difundia para além das margens do crescimento fúngico e a cor escurecia, acabando por se tornar rosa amarelado. O micélio do fungo era ramificado, elevado, oliváceo, de cor verde escura a preta, com uma pigmentação amarela ténue no centro do meio, com uma massa septada de hifas. As hifas individuais mediam 2,7 a 3,6 pm de largura. Os conidióforos são rectos ou curvos, simples ou ocasionalmente ramificados, cilíndricos mas alargando-se apicalmente até ao local do conídio. Medem 32,4 a 92,5 pm de comprimento e 3,5 a 4,8 pm de largura. Os conídios eram muriformes, castanhos claros ou castanhos dourados a castanhos azeitona, equinulados, oblongos ou amplamente ovais com 1-5 septos transversais e 1-2 séries completas de septos longitudinais. Mediam 33,7 pm de comprimento e 17,4 pm de largura. A fase perfeita de *S. vesicarium* produziu abundantemente e amadureceu no prazo de seis meses após a temperatura do frigorífico (10^0 C). Com base nos caracteres morfológicos acima referidos, o presente fungo foi identificado como *S. vesicarium* (Wallr.) E. Simmons.

Os sintomas do míldio foram observados a partir dos 30 a 35 dias de crescimento, mas foram mais proeminentes a partir dos 50 dias. As plantas infectadas exibiram inicialmente sintomas característicos de necrose das pontas com manchas brancas que aumentaram e produziram lesões roxas afundadas, rodeadas por uma borda amarela a castanha pálida. Mais tarde, pequenas lesões irregulares a ovais, amarelas a castanhas, encharcadas de água e não delimitadas, desenvolveram-se nas folhas mais velhas. As lesões tornam-se geralmente castanhas claras a bronzeadas no centro e, mais tarde, castanho-azeitona escuro a preto.

A patogenicidade de *S. vesicarium* foi confirmada por pulverização de suspensão de esporos nas folhas de alho após 25 dias de plantação. Os sintomas iniciais apareceram após 4-5 dias de incubação como descoloração nas folhas, que se tornaram castanho-azeitona escuro a preto e ficaram deprimidas em 7-10 dias. Mais tarde, a murcha das folhas foi bastante distinta em todas as plantas inoculadas.

A gravidade da doença do míldio foliar foi maior quando a cultura foi semeada durante a 3rd semana de outubro. Os dados sobre a gravidade da doença obtidos em diferentes intervalos indicaram que o atraso da sementeira até à 1st semana de dezembro reduziu a gravidade do míldio, sendo esta a menor gravidade da doença entre todas as diferentes datas de sementeira. No entanto, o atraso da sementeira na 1st semana de dezembro pode reduzir a germinação dos dentes de alho, o que pode afetar negativamente o rendimento. Por outro lado, a cultura semeada durante as semanas 1st e 3rd de novembro teve a população máxima de plantas e a menor intensidade da doença, em comparação com a cultura semeada na semana 3rd de outubro.

O estudo epidemiológico revelou que o progresso do míldio foliar do alho por Stemphylium foi afetado pela variação das variáveis meteorológicas, bem como pelas suas interacções. Houve um aumento progressivo e a intensidade máxima da doença foi registada entre as semanas 17th e 18th após a sementeira.

O desenvolvimento do míldio de Stemphylium (2012-13) em relação aos parâmetros meteorológicos indicou que a elevada velocidade do vento estimulou o desenvolvimento do míldio de Stemphylium. Da mesma forma, o coeficiente da humidade matinal foi positivo e significativo a um nível de significância de 5%. Isto indicou que o aumento da humidade matinal aumentou o desenvolvimento do míldio.

Durante 2013-14, a velocidade do vento e a temperatura máxima tiveram um efeito positivo e significativo no desenvolvimento do míldio. Isso indicou que o aumento da temperatura em 1^0 C aumentou o desenvolvimento da praga de Stemphylium em 9,7295%.

Das catorze linhas/entradas testadas, a DG-08-17 era moderadamente resistente, a DG-08-21 era moderadamente suscetível e as restantes doze entradas eram susceptíveis. Nenhum dos germoplasmas/variedades de alho testados era imune ou resistente ao agente patogénico.

O míldio registado nos diferentes estádios da planta de alho aos 10 DAI indicou que a diferença foi significativa entre as plântulas de 30 dias e os restantes grupos etários, ou seja, plântulas de 50, 60 e 70 dias, no desenvolvimento do míldio foliar em condições de vaso. O efeito da idade da planta no desenvolvimento da doença do míldio foliar em plântulas com 30 dias de idade foi mínimo, enquanto a fase de plântulas com 50 dias de idade foi mais suscetível, registando a intensidade máxima da doença. À medida que a incubação aumentou de 10 para 20 dias, independentemente da idade da planta, o desenvolvimento do míldio também aumentou de forma correspondente.

Todos os oito fungicidas foram capazes de inibir o crescimento de *S. vesicarium in vitro* na concentração recomendada. Dos oito fungicidas, o propiconazol inibiu totalmente (100 por cento) o crescimento de *S. vesicarium*, seguido do tebuconazol e do difenoconazol, enquanto o oxicloreto de cobre foi o fungicida menos eficaz em comparação com os outros fungicidas.

Todos os fungicidas foram significativamente superiores na redução da intensidade do míldio, exceto a piraclostrobina e o metiram + piraclostrobina. A intensidade mínima do míldio foliar e o controlo máximo da doença foram registados na aplicação foliar de propiconazol (0,05%) seguida de mancozebe (0,2%).

O rendimento máximo de 4540 kg/ha foi obtido com três pulverizações de propiconazol, seguido de tebuconazol, mancozebe, oxicloreto de cobre, difenoconazol e hexaconazol.

O inquérito efectuado em vinte campos de alho de dez aldeias do distrito de Junagadh revelou que a intensidade do míldio de Stemphylium era quase semelhante em ambos os anos. A severidade da doença variou de 12,5 a 50,4% em diferentes campos. No entanto, nenhum dos campos de alho analisados estava isento do míldio foliar.

5.2 CONCLUSÕES

A severidade da doença do míldio foliar foi maior quando a cultura foi semeada durante a 3rd semana de outubro. Já a cultura semeada durante as semanas 1st e 3rd de novembro teve a menor intensidade da doença em comparação com a cultura semeada na semana 3rd de outubro.

O desenvolvimento do míldio foliar em relação aos parâmetros meteorológicos indicou que a elevada velocidade do vento e o aumento da humidade matinal estimularam o desenvolvimento do míldio de Stemphylium.

Nenhum dos germoplasmas/variedades de alho testados era imune ou resistente ao míldio do Stemphylium.

As plantas de alho com idade entre 50 e 70 DAS foram mais susceptíveis ao míldio de Stemphylium do que as plântulas com 30 e 40 dias.

O fungicida propiconazol inibiu o crescimento de *S. vesicarium* em condições *in vitro*, seguido do tebuconazol e do difenoconazol. Três pulverizações de propiconazol @ 0,05 % reduziram o míldio de Stemphylium e aumentaram significativamente o rendimento dos bolbos, seguidas de mancozebe @ 0,2 %.

BIBLIOGRAFIA

Alberoni, Giulia; Cavallini, Davide; Collina, Marina; e Brunelli, Agostino. 2010. Caracterização dos primeiros isolados de *Stemphylium vesicarium* resistentes às estrobilurinas em pomares de pereira italianos. *European J. Pl. Pathol.* **126 (4)**: 453-457.

Anónimo. 2000. Relatório Agresco, Estação de Investigação de Millet, Gujarat Agril. University, Jamnagar.

Anónimo. 2010. www.wikipedia.com/Garlic> acedido em 9 de setembro de 2014.

Anónimo. 2011a. State wise area and production of garlic, NHRDF, Nasik. www.nhrdf.com> acedido em 9 de setembro de 2014.

Anónimo. 2011b. Relatório anual da Fundação Nacional de Investigação e Desenvolvimento Hortofrutícola, Nashik.

Anónimo. 2012. Área e produção de alho. Direção da Agricultura, Gujarat, Gandhinagar. www.agri.gujarat.org> acedido em 9 de setembro de 2014.

Anónimo. 2013a. Descoberta uma nova doença do alho Stemphylium blight. http://aripatna.com.> acedido a 1 de maio de 2013.

Anónimo. 2013b. Relatório anual da Fundação Nacional de Investigação e Desenvolvimento Hortofrutícola, Nashik.

Aveling, T. A. S. e Naude, S. P. 1992. Primeiro relatório de *Stemphylium vesicarium* em alho na África do Sul. *Plant Disease.***76 (4)**:426.

Aveling, T. A. S. e Rong, Z. H. 1994. Microscopia eletrónica de varrimento da formação de conídios de *S. vesicarium* em folhas de cebola. *J. Phytopath.***140 (1)**: 77-87.

Aveling, T. A. S. e Heidi, G. Snyman. 2009. Estudos de infeção de *Stemphylium vesicarium* em folhas de cebola. *Instituto Margaretha Mes de Investigação de Sementes, Uni Pretória.* 0002. *Rep S África.*

Barnwal, M. K.; Jha, D. K. e Dubey, S. C. 2001. Influência das datas de sementeira, idade da planta e parâmetros climáticos no desenvolvimento do míldio da calêndula. Journal of Research, Birsa Agricultural University.**13 (2)**: 217-219.

Barnwal, M. K.; Prasad, S. M. e Maiti, D. 2003. Eficácia de fungicidas e bioagentes contra o míldio da cebola (Stemphylium blight). Indian Phytopath.**56 (3)**: 291292.

Barnwal, M. K. e Prasad, S. M. 2005. Influência da data de sementeira na doença de Stemphylium blight. Jornal de Investigação, Universidade Agrícola de Birsa. **17 (1)**: 6367.

Barnwal, M. K.; Prasad, S. M. e Sunil Kumar. 2006. Gestão fungicida rentável do míldio da cebola (Stemphylium blight). Journal of Research, Birsa Agricultural University.**18 (1)**: 153-155.

Baroja, Harnandez E. 1999. Mancha negra da pera. *Agricultura Revista Agropeuaria.* **68**: 1018-1020.

Basallote Ureba, M. J.; Prados, A. M.; Peres de Algaba, A. e Melero Vara, J. M. 1993. Primeiro relatório em Espanha de duas manchas foliares do alho causadas por *Stemphylium vesicarium*. *Doenças das Plantas!!!:* 952.

Basallote Ureba, M. J.; Prados Ligero, A. M. e Melero Vara, J. M. 1998. Eficácia do tebuconazol e da procimidona no controlo da mancha foliar de *Stemphylium* no alho. *Crop Prot.* **17 (6)**:491-495.

Basallote Ureba, M. J.; Prados Ligero, A. M. e Melero Vara, J. M. 1999. Etiologia da mancha foliar do alho e da cebola causada *por Stemphylium vesicarium* em Espanha. *Patologia vegetal.* **48**:139-145.

Bayaa, B. e W. Erskine. 1998. Patologia da Lentilha. *In:* Pathology of Food and Pasture Legumes eds D. Allen e J. Lenne, Commonwealth Agricultural Bureaux International, U.K. em associação com: International Crop Research Center for the Semi-Arid Tropics, Patancheru 502 324. Andhra Pradesh, Índia. pp.423472.

Belisario, A.; Vitale, S. e Luongo, L. 2008. Primeiro relatório de *Stemphylium vesicarium* como agente causal de murchidão e podridão radicular de brotos de rabanete na Itália. *CRA-PAV.* **94 (4)**:651.

Bisht, I. S. e Thomas, T. A. 1992. Seleção no terreno de germoplasma de alho contra a mancha púrpura e o míldio de Stemphylium. *Indian Phytopath.* **45 (2)**:244-245.

Boiteux, L. S.; Lima, L. F.; Menezes Sobrinho, J. A. e Lopes, C. A. 1994. Uma praga foliar do alho *(Allium cepa* L.) causada por *Stemphylium vesicarium* no Brasil. *Patologia Vegetal.43* **(2)**:412-414.

Brunelli, R. e Penti, I. 1989. Uma nova doença da pereira em Itália. *Revista de Fruticultura.* **4 (2)**:112-114.

Camara, M. P. S.; N. R. O'Neill e P. van Berkum. 2002. Phylogeny of *Stemphylium* spp. based on ITS and glyceraldehyde-3-phosphate dehydrogenase gene sequences. *Mycologia.* **94**: 660-672.

Cedeno, L.; Carrero, C.; Quintero, K.; Pino, H. e Espinoza, W. 2003. *Stemphylium vesicarium*, agente causal da praga foliar grave do alho e da cebola em Mérida, Venezuela. *Interciencia.* **28 (3)**: 174-177.

Chander, Mohan; Thind, T. S.; Prem, Raj e Arora, J. K. 2004. Promising activity of triazoles and other fungicides against fruit rot of chilli and Stemphylium blight of onion. *Plant Disease Research Ludhiana.* **19 (2)**: 200-203.

Cho, HyeSun. e Yu, SeungHun. 1998. *Stemphylium vesicarium* em alho e outras *Allium* spp. na Coreia. *Korean J. Pl. Pathol.* **14 (6)**: 567-570.

Chongo, G. e Gossen, B. D. 2001. Efeito da idade da planta na resistência a *Ascochyta rabiei* no grão-de-bico. *Canadian Journal of Plant Pathology.* **23 (4)**: 358-363.

Collina, M,; Alberoni, G. e Brunelli, A. 2006. Sensibilidade *in vitro* de *Stemphylium vesicarium* a fungicidas. *Bull. OILB SROP.* **29 (1)**: 155-161.

Cova, J. e Rodriguez, D. 2001. Efeito da temperatura e da humidade relativa no míldio foliar da cebola *(Allium cepa* L.). *Actas da Sociedade Interamericana de Horticultura Tropical.* **45**: 95-97.

Cova, J. e Rodriguez, D. 2003. Fungos associados ao míldio foliar da cebola *(Allium cepa* L.) no Estado de Lara, Venezuela. *Bioagro.* **15 (3)**: 157-163.

Davies, D. 1992. *Alliums the Ornamental Onions.* Timber press, Portland, Oregon, p. 168.

Golani, I. J. 1999. *"Lason Shakbhaji"* Sardar Smruti Kendra. Gujarat Agril. University, Junagadh. 75-79.

Groppo, F.; Ramacciato, J.; Motta, R.; Ferraresi, P. e Sartoratto, A. 2007. Atividade antimicrobiana do alho contra estreptococos orais. *Int. J. Dent. Hyg.* **5 (2)**: 109-115.

Gupta, R. C. e Gupta, R. P. 2014. Estudos epidemiológicos sobre *Stemphylium vesicarium* causando a doença do míldio da cebola *(Allium cepa* L.). *O Jornal Indiano de Ciências Agrícolas.* **84**: 9.

Gupta, R. P.; Srivastava, K. J. e Pandey, U. B. 1994. Doenças e pragas de insectos da Índia. *Ata Hort.* **358**: 256-269.

Hammouda, A. M. 1991. Uma nova mancha foliar do coqueiro. *Tropical Pest Management.* **37(2)**: 186.

Hassan, M. H. A.; Allam, A. D. A.; Abo Elyousr, K. A. M. e Hussein, M. A. M. 2007. Primeiro relatório da praga foliar da cebola causada por *Stemphylium vesicarium* no Egipto. Patologia Vegetal. **56 (4)**: 724

Hausbeck, M. e R, Bousds. 2005. Novos produtos para a gestão das doenças da cebola. Notícias sobre produção e comercialização de produtos hortícolas. (15) 5.

Huq, M. I. e Khan, A. Z. M. N. A. 2007a. Eficácia *in vivo* de diferentes fungicidas no controlo do míldio da lentilha (Stemphylium blight) durante 1998-2001. *Bangladesh Journal of Scientific and Industrial Research.* **42 (1)**: 89-96.

Huq, M. I. e Khan, A. Z. M. N. A. 2007b. Efeito das datas de sementeira na incidência do míldio da lentilha (Stemphylium blight) em 1998-2001. *Bangladesh Journal of Scientific and Industrial*

Research. **42 (3)**: 341-346.

Jakhar, S. S.; Duhan, J. C. e Suhag, L. S. 1994. Prevalência e incidência do míldio da cebola (*Stemphylium* blight) e sua gestão através de práticas culturais. *Crop Res. (Hissar).* **8 (3)**: 562-564.

Jitendra, Singh. e Upesh, Kumar, 2006. Epidemiologia e gestão da praga de Stemphylium do alho *(Allium sativum* L.). Tese de Mestrado (Agri.) (Não publicada) da Universidade de Agricultura e Tecnologia CSA, Kanpur.

Johnson, D. A. 1987. Primeiro relatório no Estado de Washington do teleomorfo de *Stemphylium vesicarium*, o agente causal da mancha púrpura dos espargos. *Plant Disease.* **71 (2)**:192.

Koike, Steven B.; O' Neill, Nichole-R.; Van Berkum, Peter B.; Wolf, Julie E. e Daugovish, Oleg. 2013. Mancha foliar de Stemphylium da salsa na Califórnia causada por *Stemphylium vesicarium.* *Doenças das plantas.* **97 (97)**: 315-322.

Kumar, R.; N, Lakpale. e N, Khare. 1997. Estudos sobre o modo de perpetuação e propagação de *Alternaria alternata* que causa a mancha foliar do girassol. *Pl. Dis. Res.* **12 (2)**: 162-163.

Kumar, Upesh; Singh, Jitendra; Naresh, Prem e Singh, Ramesh. 2011. Gestão da praga de Stemphylium do alho através de produtos químicos. *Ann Pl Prot Sci.* **19 (1)**:126-128.

Lamprecht, S. C.; Baxter, A. e Thompson, A. H. 1984. *Stemphylium vesicarium* em Medicago spp. na África do Sul. *Phytophylatica.* **16 (1)**: 73-75.

Lemar, K. M.; Passa, O. e Aon, M. A. 2005. Álcool alílico e extrato de alho *(Allium sativum)* produzem estresse oxidativo em *Candida albicans. Microbiologia.* **151 (10)**: 3257-65.

Llorente, I. e Montesinos, E. 2002. Efeito da humidade relativa e dos períodos de humidade interrompidos na severidade da mancha castanha da pera causada por *Stemphylium vesicarium. Fitopatologia.* **92 (1)**: 99-104.

Llorente, I. e Montesinos, E. 2004. Desenvolvimento e avaliação no terreno de um modelo para estimar a maturidade da pseudoteca de *Pleospora allii* na pera. *Doenças das plantas.* **88 (2)**: 215-219.

Maheshwari, S. K.; D. V. Singh e A. K. Sahu. 2000. Role of environmental factors on Alternaria-leaf spot of dolichos bean. *J. Mycopathological Res.* **38 (2)**: 8183.

Mamza, W. S.; Zarafi, A. B. e Alabi, O. 2008. Incidência e gravidade do míldio foliar causado por *Fusarium pallidoroseum* em diferentes idades de rícino (*Ricinus communis*) inoculadas com diferentes métodos. *Revista Africana de Agricultura Geral.* **4 (2)**: 65-71.

Miller, M. E.; Taber, R. A. e Amador, J. M. 1978. Stemphylium blight of onion in South Texas. *Plant Disease Reporter.* **62 (10)**: 851-853.

Miller, M. E. 1983. Relações entre a idade da folha da cebola e a suscetibilidade a *Altenaria porri. Plant Disease.* **67**: 284-286.

Mittal, R. K. 1999. Manejo cultural de doenças foliares de blackgram nas colinas de Uttar Pradesh. *J. Mycol. Pl. Pathol.* **29 (1)**: 128-130.

Nanda, S. e Prasad, N. 1974. Murchidão da mamona - um novo registo. *Indian J. Mycol. Pl. Pathol.* **4**: 103-105.

*Neergard, P. 1945. Danish species of *Alternaria* and *Stemphylium*. Oxford Univ., Press, Londres.

Nema, K. G. e Khare, M. N. 1973. A conspectus of wilt Bengal gram in Madhya Pradesh. Simpósio sobre o problema da murchidão e o melhoramento para resistência à murchidão da grama de Bengala. Indian Agricultural Research Institute, Nova Deli, Índia, p. 4.

Pakela, Y. P.; Aveling, T. A. S. e Coutinho, T. A. 2002. Efeito da idade da planta, temperatura e período de orvalho na severidade da antracnose do feijão-frade causada por *Colletotrichum dematium. Proteção Vegetal Africana.* **8 (1/2)**: 65-68.

Pandey, U. C.; Jitender, Singh. e Singh, J. 1989. Desempenho de novas variedades de alho *(Allium sativum* L.) *Haryana Agric. Uni. Res. J.* **19 (1)**: 69-71.

Patil, A. O. e Patil, B. C. 1992. Ferrugem da cebola por Stemphylium. *J. Maharashtra Agril. Univ.* **17 (1)**: 165-166.

Polat, Z. G.; Besirli I Sonmez. e B, Yavuz. 2012. Primeiro relatório da praga foliar de Stemphylium do alho *(Allium sativum)* causada por *Stemphylium vesicarium* na Turquia. *Novos relatórios de doenças.* **25**: 29.

Prados Ligero, A. M.; Gonzalez Andujar, J. L.; Melero Vara, J. M. e Basallote Ureba, M. J. 1998. Desenvolvimento de *Pleospora allii* em restos de alho infectados por *Stemphylium vesicarium.* *European J. P.l Pathol.* **104 (9)**: 861-870.

Prados Ligero, A. M.; Melero Vara, J. M.; Corpas Hervias, C. e Basallote Ureba M. J. 2003. Relações entre as variáveis meteorológicas, as concentrações de esporos no ar e a gravidade da praga foliar do alho causada por *Stemphylium vesicarium* em Espanha. *European J. Pl. Pathol.* **109 (4)**:301-310.

Pramod, Kumar. 2007. Genética da resistência ao míldio da folha da lentilha *(Lens culinaris)* no cruzamento Barimasur-4 x CDC milestone. Tese de Mestrado (Agri.) (Não publicada), Universidade de Saskatchewan, Saskatoon.

*Raid, R. e T. Kucharek. 2005. Florida Plant Disease Management Guide: Espinafre. Serviço de Extensão Cooperativa da Flórida, Universidade da Flórida.

Ranjana, Das.; Borgohain, A. e Das, K. 2013. Efeito dos métodos de inoculação e da idade da planta na praga das plântulas de rícino causada por *Alternaria ricini* e sua gestão com fungicidas. *J. Mycol. Pl. Pathol.* **43 (3)**: 336-340.

Rao, N. N. R. e Pavgi, M. S. 1975. Ferrugem da cebola por Stemphylium. *Mycopathologica.* **56**: 113-118.

Rossi, Vittorio; Bugiani, Riccardo; Giosucb, Simona e Natali, Patrizia. 2005. Padrões de conídios transportados pelo ar de *Stemphylium vesicarium*, o agente causal da doença da mancha castanha das peras, em relação às condições meteorológicas. *Aerobiologia.* **21 (3-4)**: 203-216.

Shubana, Bhat; Beig, M. A.; Vinay, Sagar e Khan, N. A. 2008. Primeiro registo de Stemphylium blight da cebola *(Stemphylium vesicarium* (Wallr.) E. Simmons) de Jammu & Kashmir. *App. Bio. Res.* **10 (1/2)**: 63-65.

Simmons, E. G. 1969. Estados perfeitos de Stemphylium. *Mycol.* **61 (1)**: 67-92.

Sinclair, J. B. e Dhingra, O. D. 1985. "Basic plant pathology methods". Publicado por CRC Press. Inc. Corporate Buld, M. W. Boca Raton, Florida. Corporate Buld, M. W. Boca Raton, Florida. pp. 285-315.

Singh, G. e Milne, Y. R. 1977. Avaliação laboratorial de fungicidas contra fungos que causam o míldio das flores do crisântemo. *Zona Norte J. Expt. Agri.* **2 (2)**: 181183.

Sinha, B. B. P.; Sinha, R. K. P.; Asghar, S. M. A. e Singh, A. P. 1996. Stemphylium blight uma nova doença fúngica do alho. *J. Applied Biology.* **5 (1/2)**:93.

Sinha, B. B. P.; Sinha, R. K. P.; Asghar, S. M. A. e Singh, A. P. 1998. Estados perfeitos de *Stemphylium vesicarium* no alho. *J. Applied Biology.* **8 (2)**: 82-83.

Snedecor, G. W. e W. G. Cochran. 1967. *Statistical methods.* Oxford & IBH Publishing Co., Nova Deli. 593 pp.

Srivastava, B. K. e Singh, T. P. 1977. Plantar alho desta forma. *Indian farmer's Digest.* **10 (10)**: 41-42.

Srivastava, K. J.; Srivastava, P. K. e Gupta, R. P. 1992. Gestão da doença do alho na Índia. *News letter AADF.* 12: 4.

Srivastava, K. J.; Tiwari, B. K.; Sharma, R. C. e Chauhan, K. P. S. 2005. Avaliação de diferentes linhas avançadas contra o míldio de *Stemphylium*, a mancha púrpura e os insectos tripes do alho. *News letter NHRDF.* **25 (1)**: 10-12.

Srujani Behera; Palash Santra; Shubhomita Chattopadhyay,; Srikanta Das e T. K. Maity. 2013.

Variação nas variedades de cebola para reação à infeção natural de *Alternaria porri* (Ellis) Ciff. e *Stemphylium vesicarium* (Wallr.) *O Bioscan,* **8 (3)**: 759-761.

Su, U. T. 1936. Índia, novas doenças das culturas durante o ano de 1934-35 na Birmânia. *Int. Bull. Pl. Prot.* **12**:273.

Sugha, S. K. e Suman, Kumar. 2005. Surto de míldio do alho (*Stemphylium* blight) em Himachal Pradesh. *Pl. Dis. Res.* **20 (2)**: 190-191.

Suheri, H. e Price, T. V. 2000. Ferrugem foliar do alho *(A. sativum) por* Stemphylium na Austrália. *Austral. Pl. Pathol.* **29 (3)**: 192-199.

Suheri, H. e Price, T. V. 2001. Purple Leaf Blotch Disease of *Allium* spp. na Austrália. *Ata Horticulturae* No: 555.

Thompson, H. C. e Kelly, N. C. 1957. Garlic in Vegetable crops (Alho em culturas hortícolas). Tata Mc Graw- Hill Publications Co. Ltd., Bombaim, p. 368-370.

Thompson, A. H. e Uys, M. D. R. 1992. *Stemphylium vesicarium* em espargos, um primeiro relatório da África do Sul. *Phytopahylatica.* **24 (4)**: 351-353.

*Tomaz, I. L. e Lima, A. 1986. Uma importante doença da cebola causada por *Stemphylium vesicarium* (Wallr.) Simmons em Portugal. *Verissimo-de-Almeida.* **48**: 4.

Tripathi, U. K.; Singh, S. B. e Singh, P. N. 1998. Gestão da mancha foliar de Alternaria do sésamo através do ajustamento das datas de sementeira. *Ann. Pl. Prot. Sci.* **6 (1)**: 94-95.

Vincent, J. M. 1947. Distorção de hifas fúngicas na presença de certo inibidor, *Nature.* pp. 159-850.

Vyas, U. M. 2000. Investigação sobre o míldio da cebola *(Allium cepa* L.) causado por *Stemphylium vesicarium* (Wallr.) Simmons. Comb. nov. Tese de Mestrado (Agri.) (Não publicada) Universidade Agrícola de Gujarat, Sardarkrushinagar, Gujarat.

Wiltshire, S. P. 1933. As espécies fundamentais de *Alternaria* e *Macrosporium. Trans. Brit. Mycol. Soc.* **18**: 135-160.

Wiltshire, S. P. 1938. A conceção original e moderna de *Stemphylium. Trans. Brit. Mycol. Soc.* **21**: 211-239.

Zhang, ZhiQiang; Cheng, ZhiHui e Shen, YongJie. 2007. Condições de produção de toxinas de *Stemphylium vesicarium* (Wallr) Simmons no alho. *J. NAF. Uni. Natural Sci. Edi.* **35 (12)**: 186-190.

Zheng, L.; Huang, J. e Hsiang, T. 2008. Primeiro relatório sobre o míldio foliar do alho *(A. sativum)* na China. *Pl. Pathol.* **57 (2)**: 380.

Zheng, Lu; Lv, Rujing; Hsiang, Tom e Huang, Junbin. 2009a. Gama de hospedeiros e fitotoxicidade de *Stemphylium solani*, causador do míldio foliar do alho *(Allium sativum)* na China. *European J. Pl. Pathol.* **24 (1)**: 21-30.

Zheng, Lu; Dong, Yidan e Lu, Rujing. 2009b. Controlo fungicida da mancha branca do alho causada por *Stemphylium solani. Jornal da Universidade Agrícola de Huazhong.* **28 (2)**:151-155.

*Original não visto

yes
I want morebooks!

Buy your books fast and straightforward online - at one of world's fastest growing online book stores! Environmentally sound due to Print-on-Demand technologies.

Buy your books online at
www.morebooks.shop

Compre os seus livros mais rápido e diretamente na internet, em uma das livrarias on-line com o maior crescimento no mundo! Produção que protege o meio ambiente através das tecnologias de impressão sob demanda.

Compre os seus livros on-line em
www.morebooks.shop

MIX
Papier aus verantwortungsvollen Quellen
Paper from responsible sources
FSC® C105338

Printed by Books on Demand GmbH, Norderstedt / Germany